单片机技术与应用——基于 CC2530 的 ZigBee 技术开发与应用

主　编　刘美玉
副主编　贾沙沙　刘晓光
参　编　徐　萍　王妍力　孙希平
　　　　高　赛　宋庆江
主　审　宋丽娜

北京理工大学出版社
BEIJING INSTITUTE OF TECHNOLOGY PRESS

内 容 简 介

本书以物联网技术应用常见的CC2530芯片作为单片机学习研究对象，进行ZigBee技术的开发与应用。本书内容由浅入深，将了解单片机的应用、熟悉CC2530单片机、掌握IAR软件的安装与使用作为前期概述，为后续知识学习打下坚实基础。依据CC2530单片机的基本结构由外到内，将其应用设置五大模块共13个任务。分别是：CC2530通用I/O端口输入输出控制与应用；CC2530中断系统及外部中断应用；CC2530单片机的定时/计数器原理与应用；CC2530单片机的串行接口原理与应用；CC2530单片机的ADC工作原理与应用。本书内容以任务驱动为教学设计，通过任务分析学习相关知识，落实“导、思、学、训”的学习过程，任务设计具有应用性、实践性。

本书可作为院校物联网技术应用专业及相关专业的教学用书，也可作为“1+X”传感网应用开发技能考证人员的参考用书，还可作为对ZigBee技术开发与应用感兴趣人员的自学用书。

图书在版编目(CIP)数据

单片机技术与应用：基于CC2530的ZigBee技术开发与应用 / 刘美玉主编. -- 北京：北京理工大学出版社，2024.4

ISBN 978-7-5763-3883-6

Ⅰ.①单… Ⅱ.①刘… Ⅲ.①微控制器-教材 Ⅳ.①TP368.1

中国国家版本馆CIP数据核字(2024)第087913号

责任编辑：陈莉华　　**文案编辑**：李海燕
责任校对：周瑞红　　**责任印制**：施胜娟

出版发行 / 北京理工大学出版社有限责任公司
社　　址 / 北京市丰台区四合庄路6号
邮　　编 / 100070
电　　话 / (010) 68914026（教材售后服务热线）
(010) 68944437（课件资源服务热线）
网　　址 / http://www.bitpress.com.cn

版 印 次 / 2024年4月第1版第1次印刷
印　　刷 / 定州市新华印刷有限公司
开　　本 / 889 mm×1194 mm　1/16
印　　张 / 12.5
字　　数 / 273千字
定　　价 / 89.00元

前言

物联网是新一代信息技术的高度集成和综合运用，它对新一轮产业变革和经济社会绿色、智能、可持续发展具有重要意义。物联网技术是在计算机技术和互联网技术之后的一项重要技术，随着物联网技术的广泛应用，对其专业人才需求旺盛。

本书的编写依托物联网技术应用专业教学指导方案、专业人才培养方案及建设目标，结合“1+X”职业技能等级证书的考证要求及岗位能力需求，落实立德树人的根本任务；结合院校学生特点，遵循院校人才培养规格，以中华优秀传统文化及习近平二十大报告作为课程思政指导思想，有机融入思想政治教育；融合“岗课赛证”育人模式，通过校企合作、产教融合，将“教、学、做”融为一体，突出应用性和实践性，着力培养学生对知识的应用能力、实际动手操作能力、创新精神及良好的职业道德素养。

本书依托物联网技术应用专业的传感网应用开发岗位人才需求，“1+X”传感网应用开发职业技能等级认证标准，以物联网技术应用常见的 CC2530 芯片作为单片机学习研究对象，进行 ZigBee 技术的开发与应用。本书内容由浅入深，将了解单片机的应用、熟悉 CC2530 单片机、掌握 IAR 软件的安装与使用作为前期概述，为后续知识学习打下坚实的基础。依据 CC2530 单片机的基本结构，由外到内，将其应用设置五大模块共 13 个任务。分别是：CC2530 通用 I/O 端口输入输出控制与应用；CC2530 中断系统及外部中断应用；CC2530 单片机的定时/计数器原理与应用；CC2530 单片机的串行接口原理与应用；CC2530 单片机的 ADC 工作原理与应用。本书内容以任务驱动为教学设计，通过任务分析学习相关知识，落实“导、思、学、训”的学习过程，结合传感网应用开发（初级）“1+X”技能等级证书的技能考证要求，使知识点和技能点更具有针对性、实用性，从而培养出符合市场和企业需求的应用型人才。本书的“知识总结与评价”让学生有所获、有所悟、有所思；“任务指导”为学生学习与实训提供思路，“实训与评价”让学生学训结合，学会总结与评价，并激发学生的创新意识；“课后训练与提升”落实“岗课赛证”育人模式。

本书的实训案例及实训设备依托于新大陆企业组织的传感网应用开发（初级）“1+X”考证培训要求及设备，由于编者水平有限，书中难免有不妥和错误之处，恳请读者批评指正。

编　者

ZigBee 模块电路图（白板）

ZigBee 模块电路图（黑板）

目录

概　述

一、单片机

单片机

（一）单片机基础知识

1. 单片机的概念

单片机（Microcontrollers）也叫微控制器，是一种集成电路芯片，它通过超大规模集成电路技术把具有数据处理能力的中央处理器（CPU）、随机存储器（RAM）、只读存储器（ROM）、输入输出（I/O）接口、中断控制系统、定时/计数器和通信等多种功能部件集成到一块硅片上，从而构成了一个体积小但功能完善的微型计算机系统。简单来说，单片机就是一个将微型计算机系统制作到硅片里面的集成电路芯片。

2. 单片机的特点

（1）集成度高，体积小，可靠性高

单片机通过超大规模集成电路技术将各功能部件集成在一个电路芯片上，因此其体积小，质量轻，芯片本身是按工业测控环境要求设计的，内部布线很短，其抗工业噪声性能优于一般的 CPU。单片机程序指令、常数及表格等固化在 ROM 中不易破坏，许多信号通道均在一个芯片内，故可靠性高。

（2）控制功能强

为了满足对对象的控制要求，单片机的指令系统均有极丰富的条件：分支转移能力、I/O 端口的逻辑操作及位处理能力，非常适用于专门的控制功能。

（3）低电压、低功耗，便于生产便携式产品

为满足广泛使用的便携式系统，许多单片机内的工作电压仅为 1.8~3.6 V，而工作电流仅为数百微安。

（4）易扩展

芯片内具有计算机正常运行所必需的部件。芯片外部有许多供扩展使用的三总线及并行、

串行 I/O 输出端，很容易构成各种规模的计算机应用系统。

(5)价格低廉，性价比高

单片机的性能极高。为了提高速度和运行效率，单片机已开始使用 RISC 流水线和 DSP 等技术。单片机的寻址能力也已突破 64 KB 的限制，有的可达到 1 MB 和 16 MB，芯片内的 ROM 容量可达 62 MB，RAM 容量则可达 2 MB。由于单片机的广泛使用，销量极大，各大公司的商业竞争更使其价格十分低廉，其性能价格比极高。

3. 单片机的分类

(1)51 单片机

51 单片机是应用最广泛的 8 位单片机，也是初学者容易上手学习的单片机，最早由 Intel 推出，由于其典型的结构和完善的总线专用寄存器的集中管理，众多逻辑位操作功能及面向控制的丰富的指令系统，堪称一代“经典”，为后来的其他单片机的发展奠定了基础。

(2)MSP430 单片机

MSP430 单片机是德州仪器 1996 年开始推向市场的一种 16 位超低功耗的混合信号处理器，最大的亮点是低功耗且速度快，汇编语言用起来很灵活，寻址方式很多，指令很少，容易上手。

(3)STM32 单片机

STM32 单片机是 ARM Cortex 内核单片机和微处理器市场及技术方面的佼佼者，广泛应用于工业控制、消费电子、物联网、通信设备、医疗服务、安防监控等应用领域，其优异的性能进一步推动了生活和产业智能化的发展。

(4)PIC 单片机

PIC 单片机系列是美国微芯公司(Microchip)的产品，共分三个级别，即基本级、中级和高级。CPU 采用 RISC 结构，分别有 33、35、58 条指令，属精简指令集，同时采用 Harvard 双总线结构，运行速度快，它能使程序存储器的访问和数据存储器的访问并行处理。

(5)AVR 单片机

AVR 单片机是 Atmel 公司推出的较为新颖的单片机，其显著的特点为高性能、高速度、低功耗。它取消机器周期，以时钟周期为指令周期，实行流水作业。AVR 单片机指令以字为单位，且大部分指令都为单周期指令。而单周期既可执行本指令功能，同时又能完成下一条指令的读取。

(6)Freescale 单片机

Freescale 单片机采用哈佛结构和流水线指令结构，在许多领域内都表现出低成本、高性能的特点，它的体系结构为产品的开发节省了大量时间。此外 Freescale 提供了多种集成模块和总线接口，可以在不同的系统中更灵活地发挥作用。

4. 单片机的应用

单片机已经渗透到我们生活的各个领域，它广泛应用于仪器仪表、家用电器、医用设备、航空航天、专用设备的智能化管理及过程控制等领域，大致可分为如下几个范畴：智能仪器、工业控制、家用电器、网络和通信、医用设备领域、模块化系统及汽车电子等。

（二）CC2530 单片机内部结构

1. CC2530 单片机简介

CC2530 单片机是 TI 公司开发的一款专门用于无线传感器网络中进行数据传输的集成芯片，是用于 2.4 GHz IEEE 802.15.4、ZigBee 和 RF4CE 应用的一个真正的片上系统（SoC）解决方案。它能够以非常低的功耗和较低的成本来建立强大的无线传感器网络。其广泛应用于各种电子设备，包括计算机、智能手机、平板电脑、嵌入式系统等。

2. CC2530 单片机内部结构

CC2530 单片机内部使用业界标准的增强型 8051CPU，结合了领先的 RF 收发器，具有 8 KB 容量的 RAM，具备 32 KB、64 KB、128 KB、256 KB 四种不同容量的系统内可编程闪存和其他许多强大的功能。

（1）8051 单片机的内部结构

8051 单片机的内部结构框图如图 0-1 所示，各功能部件由内部总线连接在一起。

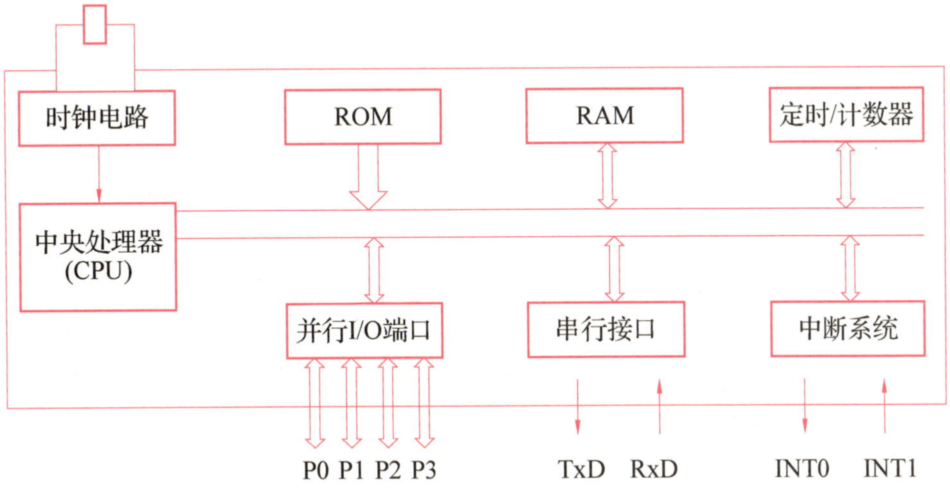

图 0-1　8051 单片机的内部结构框图

时钟电路：为单片机提供运行所需的节拍信号，每到来一个节拍单片机就执行一步操作，就像跑操喊口号一样。

中央处理器：核心处理器，负责数据处理和系统各功能模块工作的协调与控制。

只读存储器（ROM）：存放数据，相当于硬盘（由于 ROM 不可更改数据，现在很多单片机都使用可读写的 Flash 闪存来替代 ROM 的功能）。

随机存储器（RAM）：存放临时数据，相当于计算机内存。

I/O 端口：I/O 端口又称为 I/O 接口，是单片机对外部实现控制和信息交换的必经之路，I/O 端口有串行和并行之分，串行 I/O 端口一次只能传送一位二进制信息，并行 I/O 端口一次能传送一组二进制信息。

中断系统：使计算机系统具备应对突发事件的能力，提高了 CPU 的工作效率。

定时/计数器：实现定时和计数，且在整个工作过程中不需要 CPU 进行过多参与，提高了 CPU 的工作效率。

串行接口：与其他设备通信使用。

(2) CC2530 单片机分类

CC2530 单片机根据内部存储容量的不同分为 4 种不同型号：CC2530F32/64/128/256，F 后面的数值表示该型号芯片具有的闪存容量级别。

本书采用 CC2530F256 单片机，它结合了德州仪器(TEXAS INSTRUMENT)的业界领先的黄金单元 ZigBee 协议栈(Z-Stack™)，提供了一个强大和完整的 ZigBee 解决方案。

知识总结	自我评价

知识拓展

1. SoC

SoC(System on Chip，芯片级系统或片上系统)，它与单片机的区别：SoC 是一个应用系统，除了包括单片机还包括其他外围电子器件。单片机是这个片上系统的控制核心。

2. CC2530 系统时钟

CC2530 有一个内部系统时钟或主时钟，该系统时钟设备有两个高频振荡器，一个是 32 MHz 的晶体振荡器，另一个是 16 MHz 的 RC 晶体振荡器。

(三) CC2530 单片机外部引脚及功能

如图 0-2 所示是一款由德州仪器生产的 CC2530 单片机，单片机采用 QFN40 封装，外观上是一个边长为 6 mm 的正方形芯片，每个边上有 10 个引脚，共计 40 个引脚。CC2530 芯片引脚分布图如图 0-3 所示，全部引脚可分为 I/O 端口线引脚、电源线引脚和控制线引脚三种类型。

图 0-2　CC2530 单片机

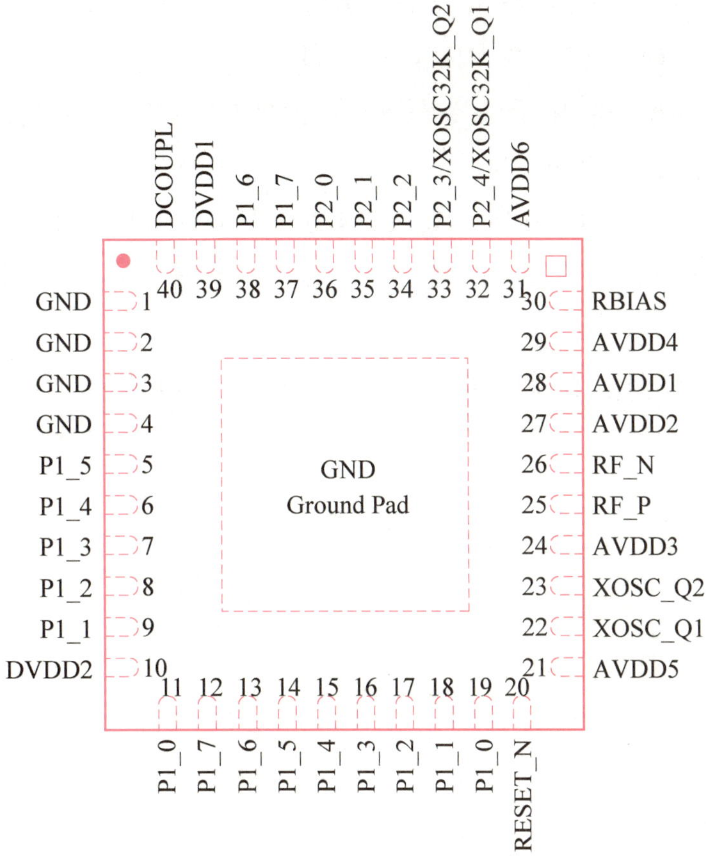

图 0-3　CC253 芯片引脚分布图

1. I/O 端口线引脚及功能

CC2530 单片机共有 21 个 I/O 端口，分别由 P0、P1 和 P2 组成，其中 P0 和 P1 是 8 位，分别表示为 P0 口：P0_0~P0_7；P1 口：P1_0~P1_7；P2 只有 5 位，表示为 P2 口：P2_0~P2_4。这些 I/O 端口可以通过相关寄存器进行设置，配置成通用 I/O 或外设 I/O(如 ADC、定时/计数器、USART 等外围设备 I/O 端口)。

功能：

1)除 P1_0 和 P1_1 引脚具有 20 mA 驱动能力外，其他 19 个引脚仅有 4 mA 驱动能力(驱动能力是指芯片引脚输出电流的能力)。

2)全部 21 个数字 I/O 端口在输入时具有上拉或下拉功能。

2. 电源线引脚及功能

1)AVDD1~AVDD6：模拟电源引脚，与 2.0~3.6 V 模拟电源相连。

2)DVDD1、DVDD2：数字电源引脚，与 2.0~3.6 V 数字电源相连。

3)DCOUPL：数字电源引脚，1.8 V 数字电源去耦，不使用外部电路供应。

4)GND：接地引脚，芯片底部的大焊盘必须接到 PCB 的接地层。

3. 控制线引脚及功能

1)RESET_N：复位引脚，低电平有效。

2) XOSC_Q1：32 MHz 晶振引脚，或作为外部时钟输入引脚。

3) XOSC_Q2：32 MHz 晶振引脚。

4) RBIAS：用于连接提供基准电流的外接精密偏置电阻。

5) P2_3/XOSC32K_Q2：P2_3 为数字 I/O 端口或 32.768 kHz 晶振引脚。

6) P2_4/XOSC32K_Q1：P2_4 为数字 I/O 端口或 32.768 kHz 晶振引脚。

7) RF_N：在接收期间向 LAN 输入负向射频信号；在发射期间接收来自 PA 的输入负向视频信号。

8) RF_P：在接收期间向 LAN 输入正向射频信号；在发射期间接收来自 PA 的输入正向视频信号。

知识总结	自我评价

知识拓展

ZigBee 技术

1. ZigBee 概念

ZigBee 是一种基于标准的无线技术，旨在实现低成本、低功耗的无线机器对机器(M2M)和物联网(IoT)网络。ZigBee 适用于低数据速率，低功耗应用，是一种开放标准。该标准定义了短距离、低速率数据传输的无线通信所需要的一系列协议标准。ZigBee 技术由 ZigBee 联盟支持，其工作频段为 868 MHz、915 MHz、2.4 GHz，最大数据传输速率为 250 Kbit/s。

2. ZigBee 的优点

1) 安全、可靠性高。ZigBee 提供了数据完整性检查和鉴权功能，在数据传输过程中提供了三级安全性。

2) 低成本。通过大幅简化协议，降低了对节点存储和计算能力的要求，以 8051 的 8 位微控制器进行研究测算，全功能设备需要 32 KB 的代码，精简功能只需要 4 KB 的代码，而且 ZigBee 协议专利免费。

3) 低功耗。在低耗电待机模式下，两节普通 5 号电池可使用 6 个月以上。

4)低速率。ZigBee 工作在 20~250 Kbit/s 的较低速率，分别提供 250 Kbit/s(2.4 GHz)、40 Kbit/s(915 MHz)和 20 Kbit/s(868 MHz)的原始数据吞吐率，能够满足低速率传输数据的应用要求。

5)近距离。ZigBee 设备点对点的传输范围一般介于 10~100 m。若增加射频发射功率，传输范围可增加到 1~3 km。若通过路由和节点间的转发，可使传输距离更远些。

6)短时延。ZigBee 响应速度较快，一般从睡眠转入工作状态只需要 15 ms。节点连接进入网络只需 30 ms，进一步节省了电能。

7)网络容量大。ZigBee 低速率、低功耗和短距离传输的特点使它非常适宜支持简单器件。一个 ZigBee 的网络节点最多包括 255 个 ZigBee 网络节点，其中有一个是主控(MASTER)设备，其余则是从属(SLOVE)设备。若是通过网络协调器(NETWORK COORDINATOR)，整个网络可以支持超过 64 000 个 ZigBee 网络节点，再加上各个网络协调器可以相互连接，整个 ZigBee 的网络节点的数目将十分可观。

3. ZigBee 协议栈

常用的协议栈有两种版本：德州仪器公司的 Z-Stack 协议栈、飞思卡尔的 BeeStack 协议栈。德州仪器公司的 Z-Stack 协议栈是一款免费的、半开源的 ZigBee 协议栈。

常用的 ZigBee 芯片有 CC2430/CC2431、CC2530/2531、CC2538。

本书采用的 ZigBee 实训模块如图 0-4 所示。

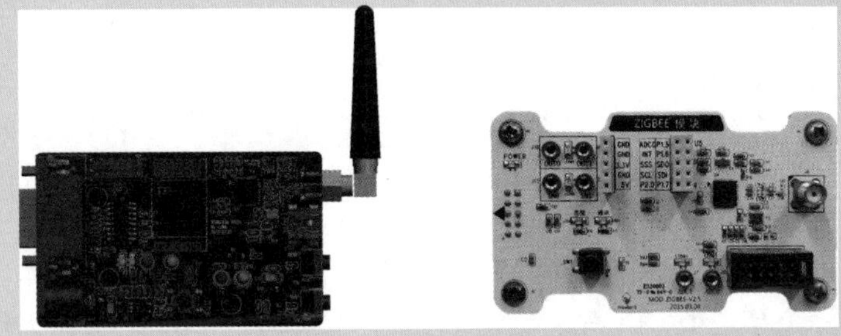

图 0-4　ZigBee 实训模块

该 ZigBee 模块是一套基于 CC2530 片上系统的 ZigBee 开发平台，完全满足 IEEE 802.15.4-2006 标准和 ZigBee 2010 技术标准的无线网络技术设计开发要求。ZigBee 板内置了德州仪器 ZigBee SoC 射频芯片 CC2530F256，片上集成高性能 8051 内核、ADC、USART 等，支持 ZigBee 协议栈。该模块引出 20 个可用 I/O，用户可使用片上所有资源，可以实现高性价比、高集成度的 ZigBee 解决方案。CC2530 开发平台可以由 CC2530 仿真器/调试器(SmarRF04EB)通过 USB 接口直接连接到你的电脑，具有代码高速下载、在线调试 Debug、硬件断点、单步、变量观察、寄存器观察等全部 C51 源水平调试的功能，能够实现对 CC2530 系列无线单片机实时在线仿真/调试/测试。

趣味小知识

ZigBee 的来源

ZigBee 最早来源于蜜蜂的“8”字舞，由于蜜蜂(bee)是靠飞翔和“嗡嗡”(zig)地抖动翅膀的“舞蹈”来与同伴传递花粉所在方位信息，即蜜蜂依靠这样的方式构成了群体中的通信网络。这与我们对物体进行定位的信息相似，因此采用这一词汇作为技术名称。

常见的短距离无线通信技术有：ZigBee、WiFi、Bluetooth、Z-Wave 等。

测试与评价

训练与测试	自我评价
一、填空题 1)CC2530 单片机内部使用业界标准的增强型________ CPU，结合了领先的________收发器，具有________容量的 RAM。 2)CC2530 单片机根据内部存储容量的不同分为 4 种不同型号： ________________________________。 3)8051 单片机的内部结构组成： ________________________________。 4)CC2530 单片机是一个具有________个引脚，边长为________的正方形芯片。其全部引脚可分为________________________三种类型。 5)CC2530 单片机有________个 I/O 口，由 P0 口、P1 口、P2 口组成。其中，P0 口和 P1 口有________位，P2 口有________位，这些端口可以通过相关寄存器进行设置，配置成________ I/O 或________ I/O。	
二、选择题 1)CC2530 内部使用的是(　　)核心。 A. 8051　B. AVR　C. PIC　D. ARM 2)CC2530F128 芯片具有的闪存容量为(　　)。 A. 32 KB　B. 64 KB　C. 128 KB　D. 256 KB 3)CC2530 具有(　　)个可编程 I/O 端口。 A. 16　B. 21　C. 40　D. 80 4)ZigBee 的最大数据传输速率为(　　)。 A. 100 Kbit/s　B. 200 Kbit/s　C. 250 Kbit/s　D. 350 Kbit/s	

续表

训练与测试	自我评价
5)CC2530 的 P1_0 和 P1_1 端口具有(　　)的驱动能力。 A. 4 mA　B. 20 mA　C. 8 mA　D. 16 mA 6)支持 ZigBee 短距离无线通信技术的是(　　)。 A. IrDA　B. ZigBee 联盟　C. IEEE 802. 11b　D. IEEE 802. 11a 7)下列不属于 ZigBee 工作频段的是(　　) A. 868 MHz　B. 915 MHz　C. 512 MHz　D. 2. 4 GHz 8)CC2530 有一个内部系统时钟或主时钟，该系统时钟设备有两个高频振荡器，分别是(　　)。 A. 16 MHz 晶振和 32 MHz RC 振荡器 B. 16 MHz 晶振和 32 MHz 晶振 C. 16 MHz RC 振荡器和 32MHz RC 振荡器 D. 32 MHz 晶振和 16 MHz RC 振荡器	
三、简答题 根据 CC2530 单片机外部引脚图叙述各引脚功能。	
四、课后拓展 科技创新能够催生新产业、新模式、新动能，是发展新质生产力的核心要素。请查阅资料，了解单片机新技术、新发展及新应用，作为一名学生，要做到科技强国，就必须努力学习，强化技能，坚持创新。	

二、IAR 软件

IAR 软件的安装和激活

IAR Embedded Workbench 是著名的 C 编译器，支持众多知名半导体公司的微处理器，全球许多著名的公司都在使用该开发工具来开发他们的前沿产品，IAR 根据支持的微处理器种类不同分许多不同的版本，由于 CC2530 使用的是 8051 内核，因此需要选用 IAR 的 IAR Embedded Workbench for 8051 版本作为开发环境，与 CC2530 开发相关的环境包括：①IAR；②CC Debugger 仿真器驱动；③烧写软件；④TI 的 ZigBee 协议栈：Z-Stack 协议栈。本书 ZigBee 的开发工具主要包括 IAR 和 Smart Flash Programmer。

1. IAR 的安装

1)打开“keygen. exe”所在文件夹。鼠标左击选中“keygen. exe”，然后右击弹出菜单，在弹出的菜单中选择“以管理员身份运行”选项，如图 0-5 所示。

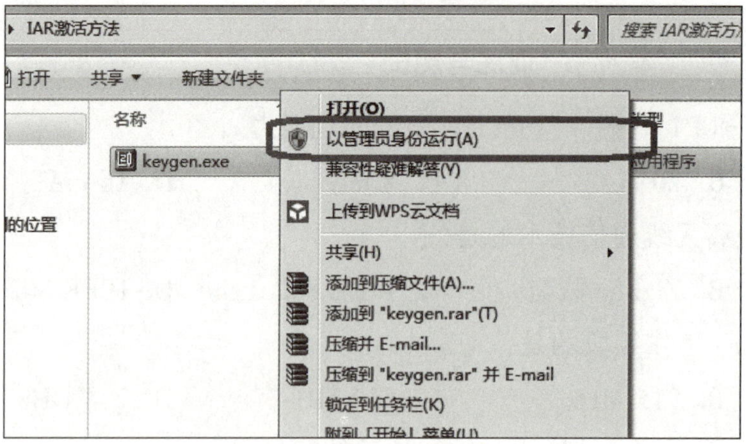

图 0-5　以管理员身份运行“keygen. exe”

2) 在软件“keygen. exe”中，按图 0-6 配置。

第 1 步：选择功能为 MCS-51 v7. 60；

第 2 步：单击“Generate”按钮；

第 3 步：新建文本，复制粘贴“License number”和“License key”，如图 0-6 所示。

图 0-6　配置功能

3) 将 IAR Embedded Workbench 解压。

4) 打开 CD-EW8051-8101 。

5) 双击打开 autorun ，出现如图 0-7 所示界面。

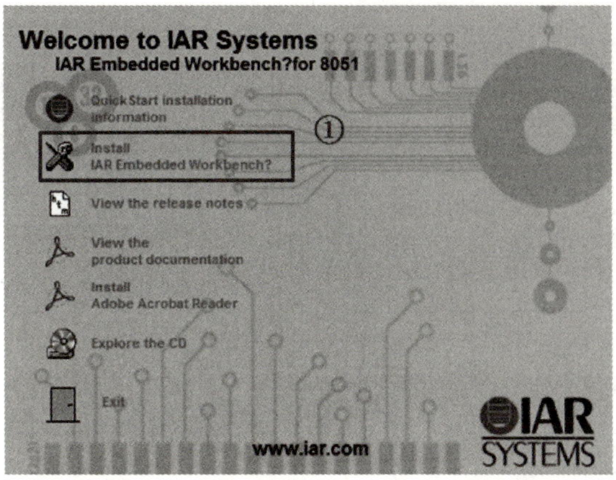

图 0-7　Welcome to IAR Systems 界面

6)单击“Install IAR Embedded Workbench?”，在弹出的对话框中一直单击“Next”按钮，出现如图 0-8～图 0-10 所示界面。

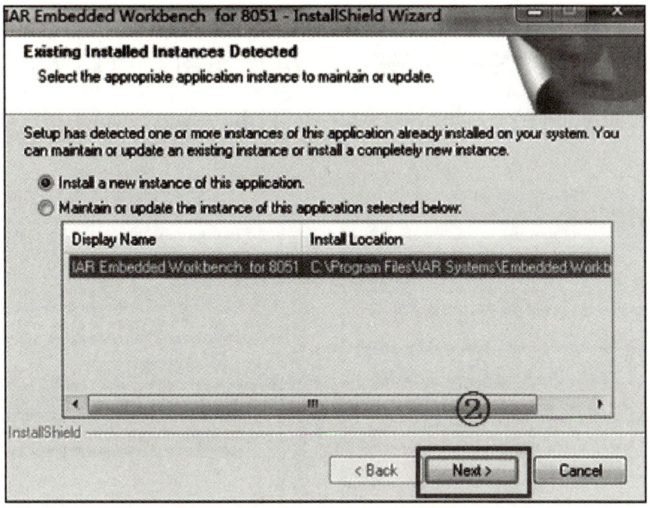

图 0-8　单击“Next”按钮进行安装

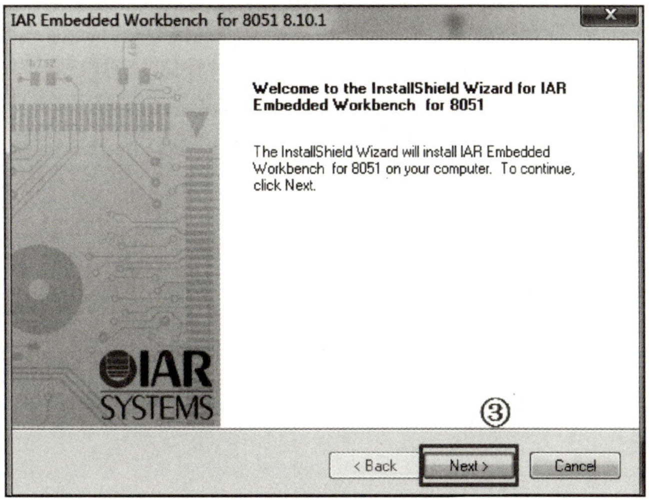

图 0-9　单击“Next”按钮进行安装

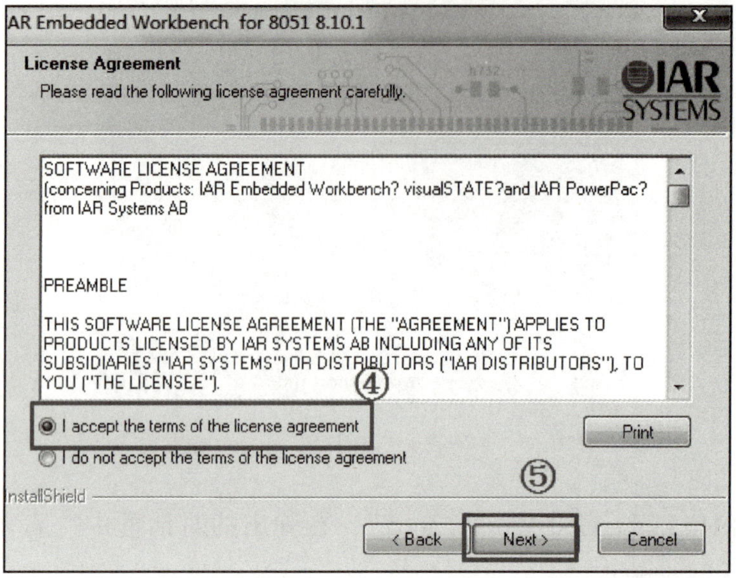

图 0-10 选中“I accept…”后单击“Next”按钮进行安装

7)选中“I accept…”，单击“Next”按钮后，出现如图 0-11 所示对话框，将记事本中的 License number 和 Key 分别复制粘贴到⑥和⑧处。单击“Next”按钮。

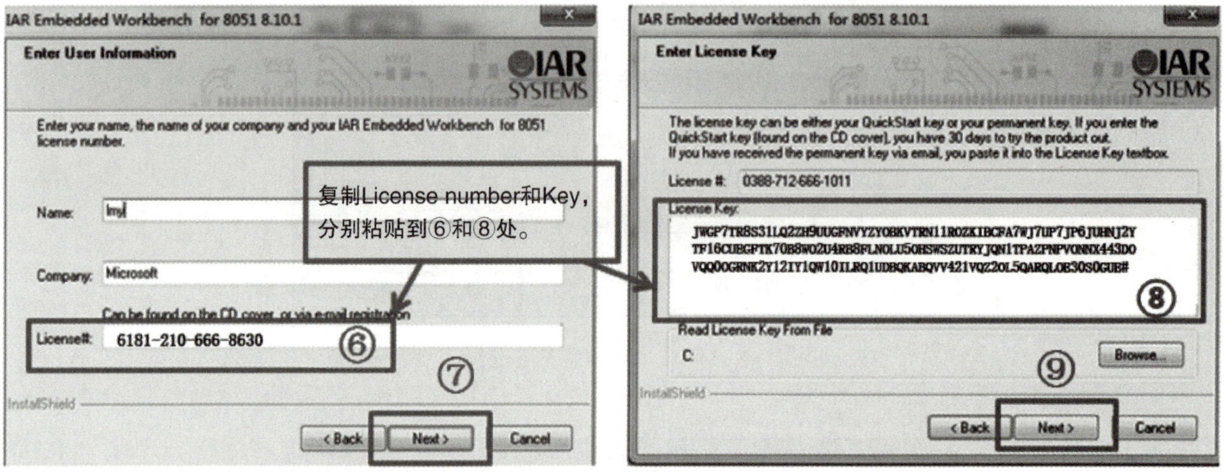

图 0-11 粘贴 License number 和 Key，单击“Next”按钮进行安装

8)单击“Install”按钮，等待安装完成。

9)IAR 的工作界面如图 0-12 所示。

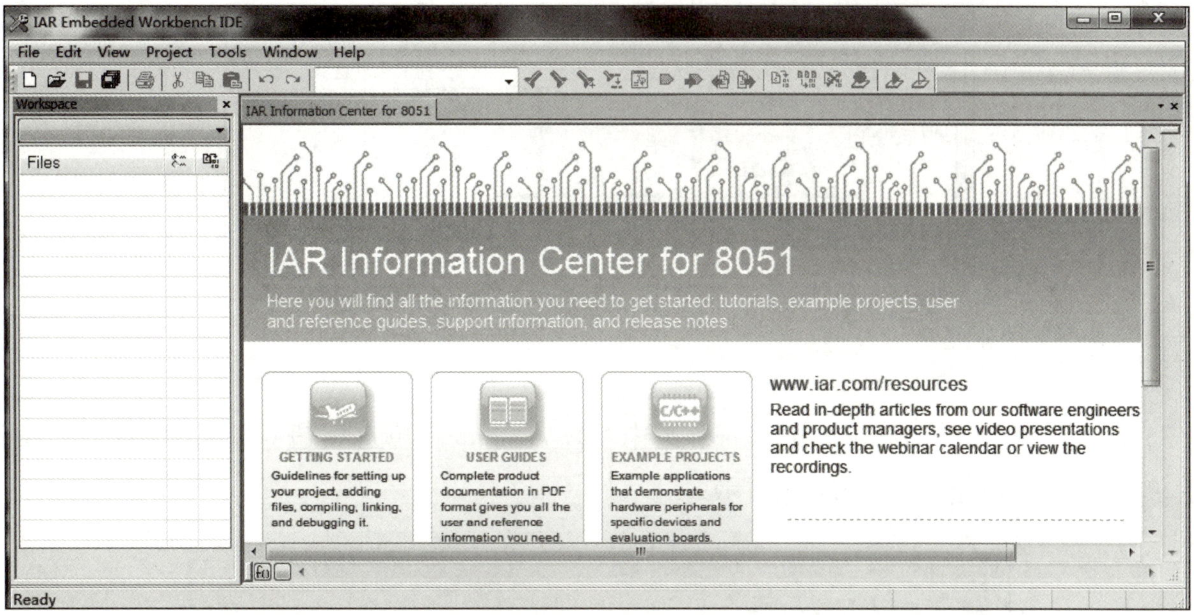

图 0-12 IAR 的工作界面

2. IAR 的激活方法

1) 在“开始”菜单中，找到“IAR Systems License Manager”，鼠标右击选中以“以管理员身份运行”选项，如图 0-13 所示。

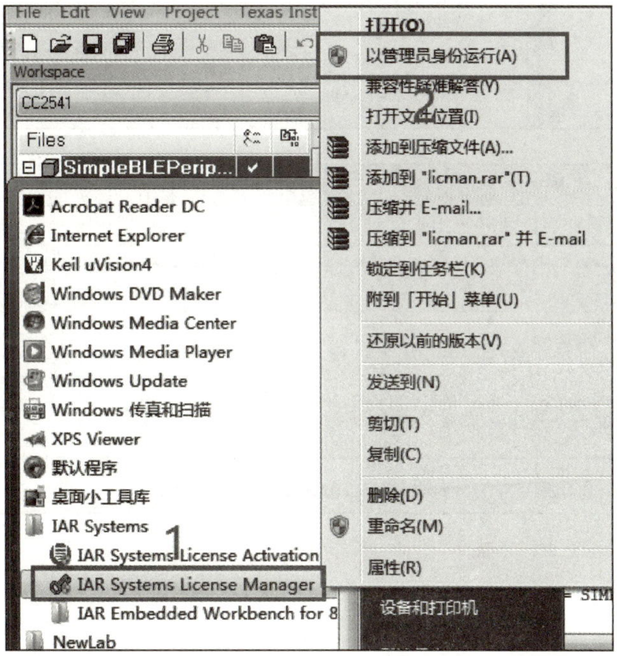

图 0-13 运行“IAR Systems License Manager”

2) 在软件“IAR Systems License Manager”中，先单击“License”选项卡，再单击“Generate Host ID...”选项，如图 0-14 所示。

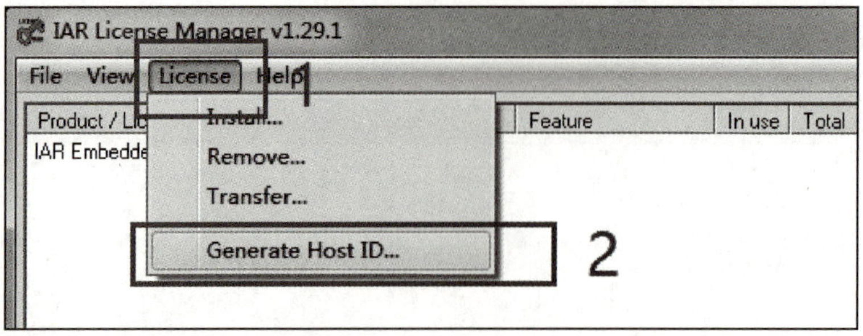

图 0-14　选择“License”中的“Generate Host ID...”并单击

3）填入记事本中的 License number，选中“My computer”单选按钮，单击“Next >>”按钮，最后单击“Close”按钮，如图 0-15 所示。

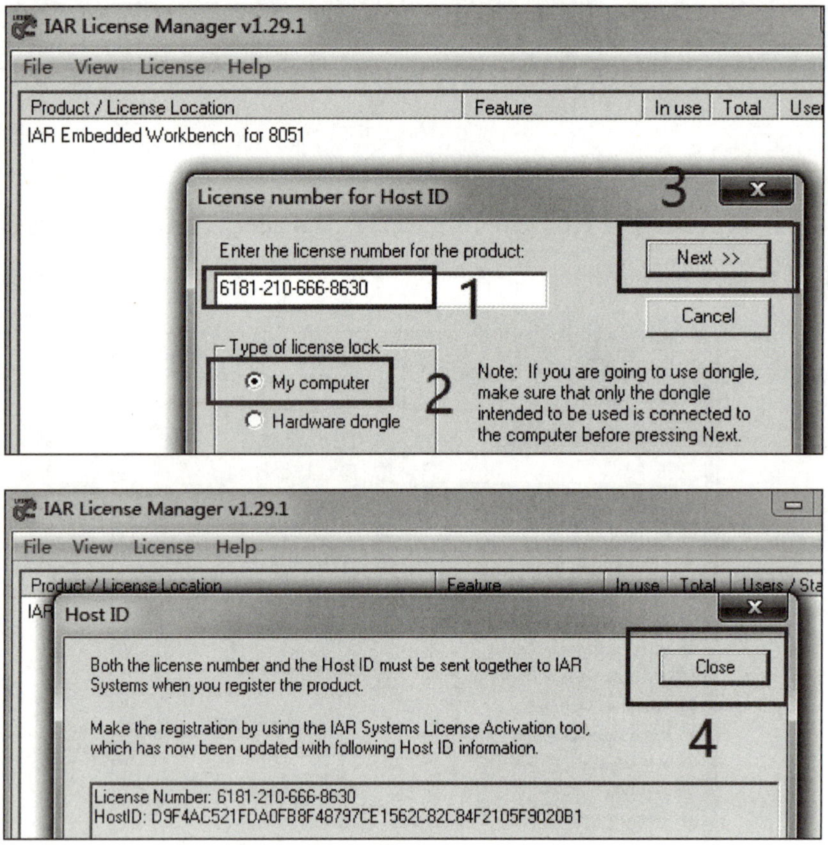

图 0-15　粘贴 License number

4）单击“License”选项卡，再单击“Install...”选项。在弹出的窗口中粘贴记事本中的 License key，然后单击“Install”按钮，在接下来弹出的消息框中单击“确定”按钮，如图 0-16 所示。

许可证 Licence 就这样安装完成了，最后关闭软件“IAR Systems License Manager”的窗口。

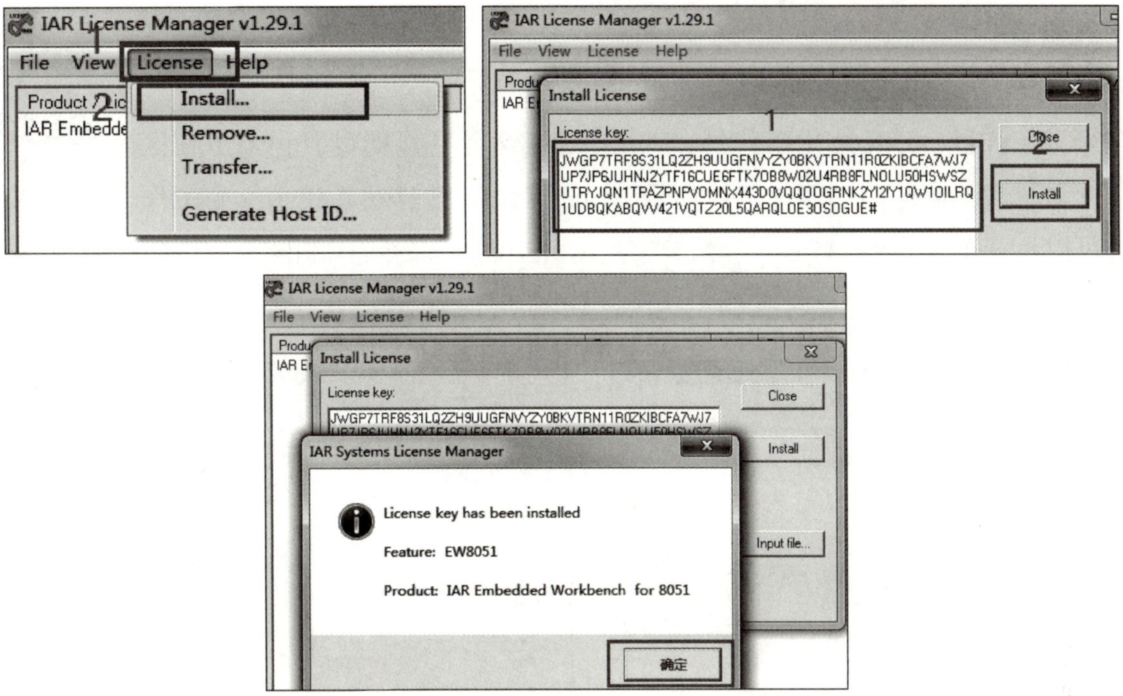

图 0-16 许可证 License 安装完成

5)测试是否激活 IAR。打开任意 IAR 的工程(ZigBee 工程或 BLE 蓝牙工程)，鼠标左键单击选中工程标题，右键单击，在弹出的菜单中选择“Rebuild All”选项，“Messages”窗口中没有报错(关于无有效 License 的错误)，如图 0-17 所示，则激活成功。

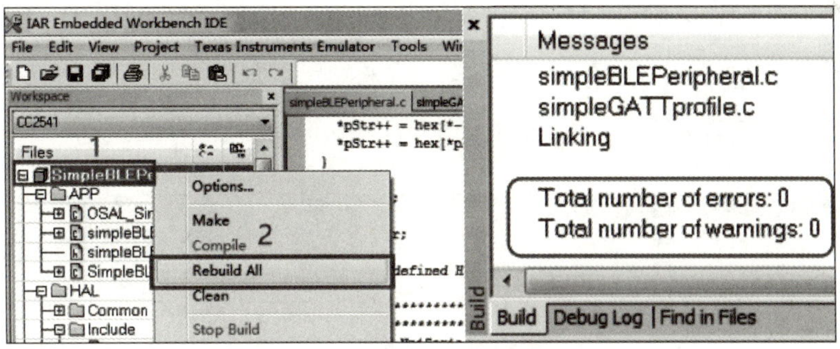

图 0-17 测试 IAR 是否激活

知识总结	自我评价

3. 搭建 IAR 开发环境

搭建 IAR 开发环境

1）打开 IAR Embedded Workbench 。

2）新建工作区。IAR 使用工作区（Workspace）管理工程项目，一个工作区可以包含多个为不同应用创建的工程项目。IAR 启动时已自动新建了一个工作区，也可以执行菜单中的“File”→“New”→“Workspace”命令或“File”→“Open”→“Workspace…”命令新建工作区或打开已存在的工作区，如图 0-18 所示。

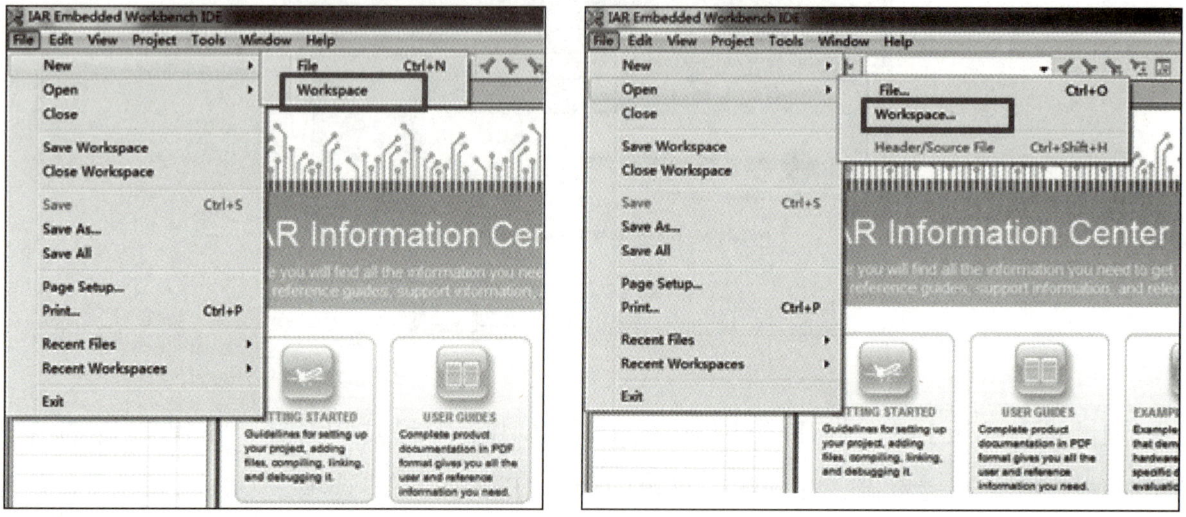

图 0-18 新建工作区或打开工作区

3）新建工程。执行“Project”→“Create New Project…”命令，如图 0-19 所示，默认设置，单击“OK”按钮，设置工程保存路径和工程名，在此设置为“…\ 搭建开发环境”和“Project”，如图 0-20 所示。单击“保存”按钮，会出现如图 0-21 所示界面。

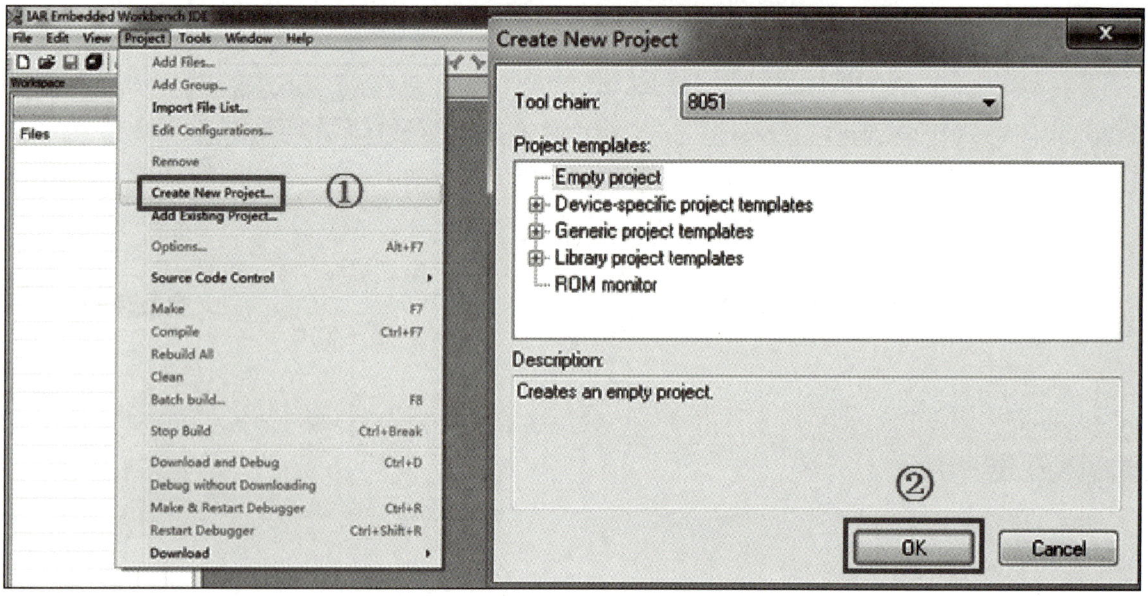

图 0-19 新建工程

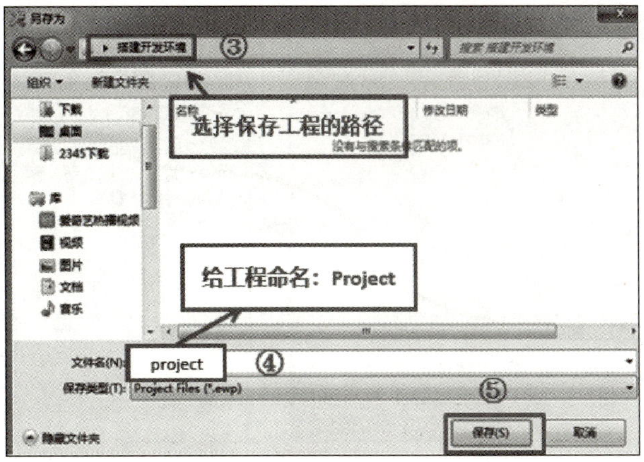

图 0-20　选择存放工程路径并命名

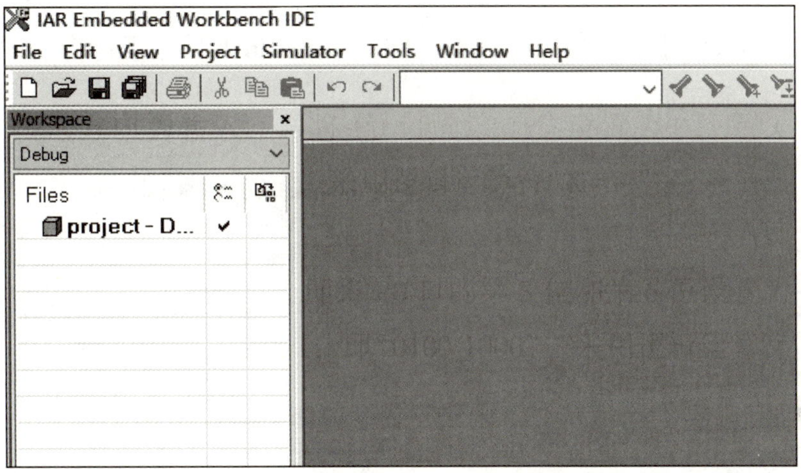

图 0-21　工程创建完成界面

4）新建文件。执行“File”→“New”→“File”命令或单击工具栏中的“ 🗋 ”按钮，并将文件保存在工程文件相同路径下，即“…\ 搭建开发环境”，并命名为“Test. c”，如图 0-22、图 0-23 所示。

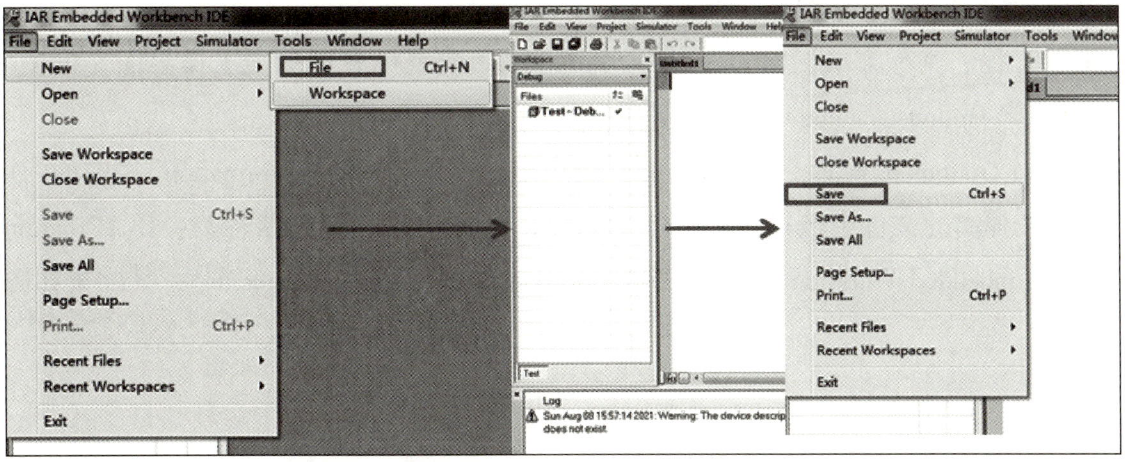

图 0-22　新建文件并保存

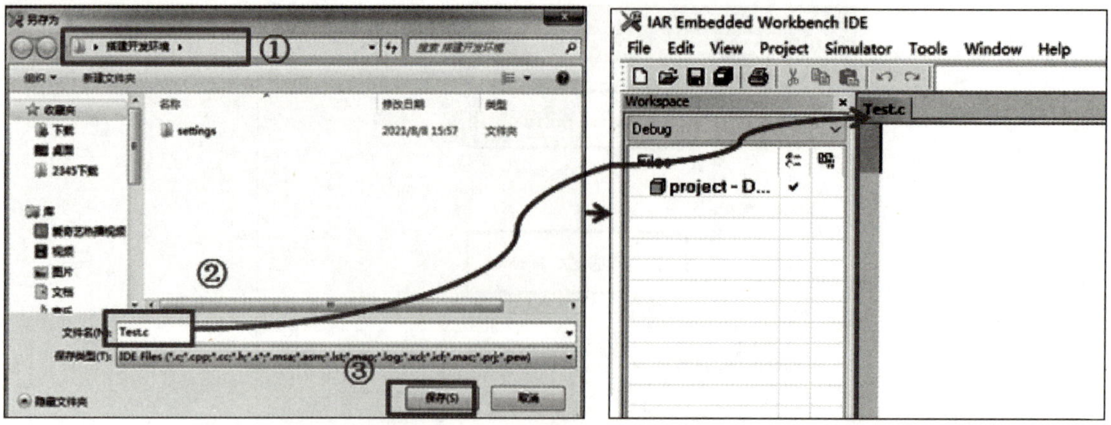

图 0-23　选择保存工程路径并命名

5）添加文件。鼠标右键单击工作界面左框中“Test-Deb…”，选择“Add”→“Add‘Test. c’”命令，将 Test. c 文件添加到工程中；或选择“Add”→“Add Files…”命令，将 Test. c 文件添加到工程中，如图 0-24 所示。

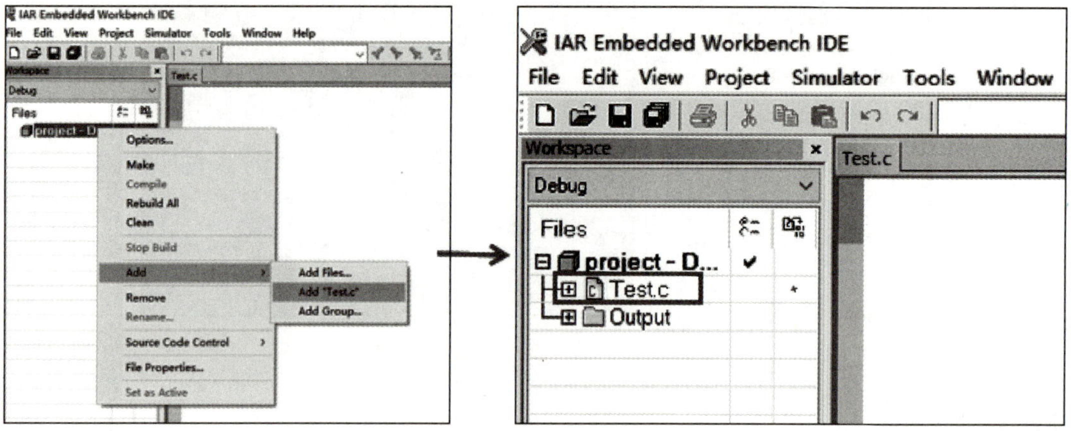

图 0-24　添加文件

6）保存工作区。单击工具栏中的“”按钮，设置工作区保存路径“…\ 搭建开发环境”（与工程同一路径），工作区命名为“work”。

7）配置工程。执行菜单栏“Project”→“Options…”或鼠标右键单击工作界面左框中“Test-Deb…”，打开“Options for node‘Test’”对话框。

①General Options 的配置。选择“Target”选项卡，单击“Device information”栏中的“Device”选择按钮，在弹出的文件中选择“CC2530F256. i51”文件。该文件的路径为：C:\ProgramFiles\ IARsystems\ Embedded Workbench 6. 0\8051\config\devices\Texas Instruments\，其配置如图 0-25 所示。

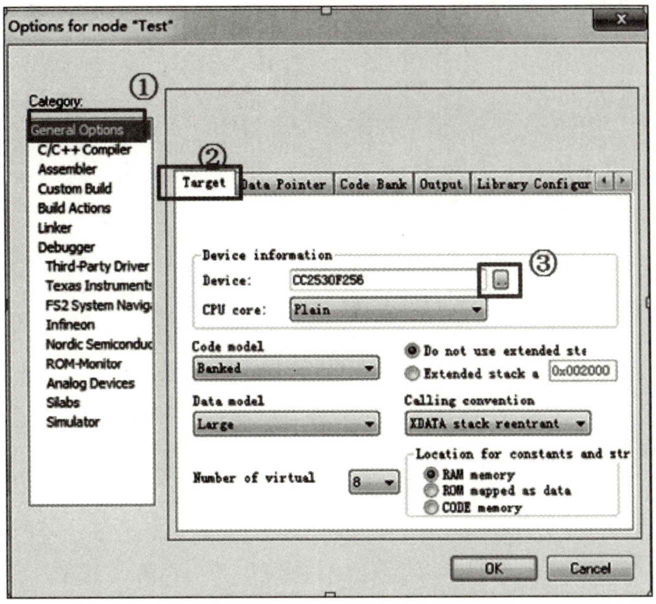

图 0-25　配置 General Options

②Linker 的配置。选择“Config”选项卡，勾选“Override default”复选框，单击选择按钮，在弹出的文件中选择“lnkl51ew_CC2530F256_banked. xcl”文件。该文件的路径为：C:\Program Files\IARsystems\Embedded Workbench 6. 0\8051\config\devices\Texas Instruments\，其配置如图 0-26 所示。

③Debugger 的配置。选择“Setup”选项卡，单击“Driver”中的“▼”按钮，选择“Texas Instruments”，其配置如图 0-27 所示。

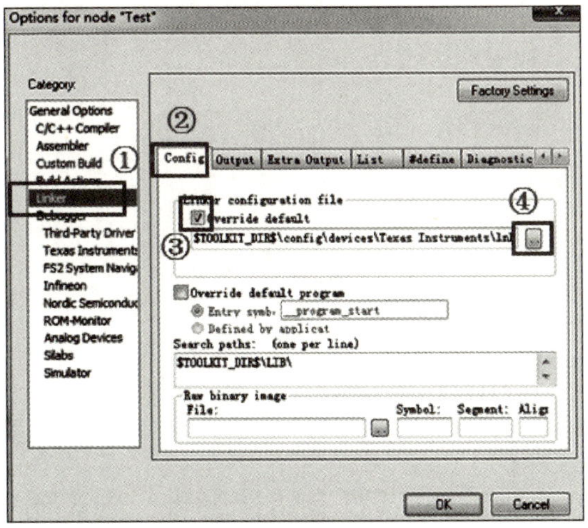

图 0-26　配置 Linker

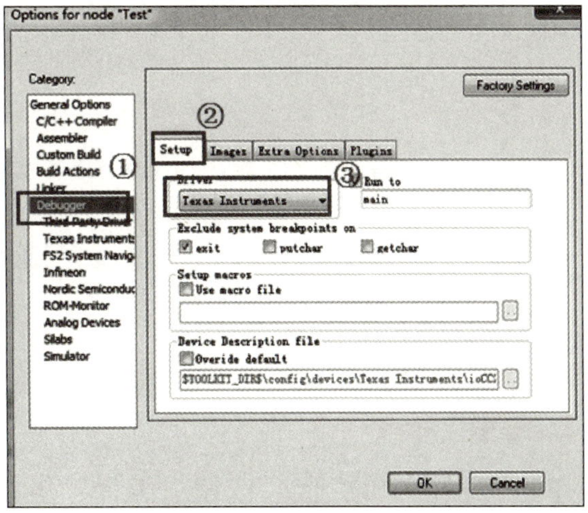

图 0-27　配置 Debugger

温馨提示

1) 工作区的后缀为“.eww”，工程的后缀为“.ewp”。

2) 新建工作空间 workspace、C 文件、Project 工程都必须依据工作任务要求进行命名，且保存在同一路径下。

知识总结	自我评价

四、编译、链接、下载、调试程序

1. 编写程序

在 Test.c 窗口输入以下代码：

```
//*****************************************************
#include<iocc2530.h>
#define LED1 P1_0          //P1_0端口控制 LED1发光二极管
void main(void)
{
P1SEL&=~0x01;              //P1_0端口为通用 I/O 端口
P1DIR|=0x01;               //P1_0端口为输出端口
LED1=1;                    //点亮 LED1发光二极管
while(1);
}
```

2. 编译、链接程序

单击工程栏中的“ ”按钮，编译、链接程序，若“Message”没有错误警告，则说明程序编译、链接完成，如图 0-28 所示。

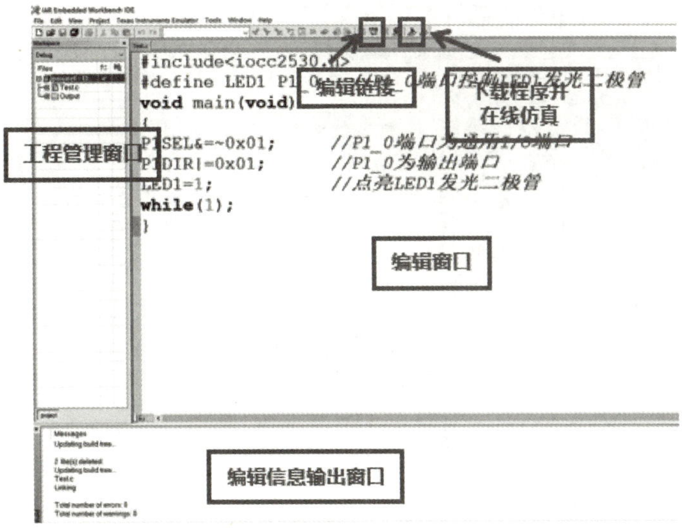

图 0-28　编译、链接程序

3. IAR 下载程序

1) 将 CC Debugger 仿真下载器的下载线连接至 ZigBee 模块，并将 CC Debugger 仿真下载器和 ZigBee 模块连接至电脑，查看功能是否实现，如图 0-29 所示。

2) 将仿真器连接至电脑，电脑将会提示需要安装 CC Debugger 驱动程序，选择列表安装，安装完成后，鼠标右键单击桌面“计算机”，选择“属性”，单击“设备管理器”，在“设备管理器”窗口可以看到如图 0-30 所示的状态。

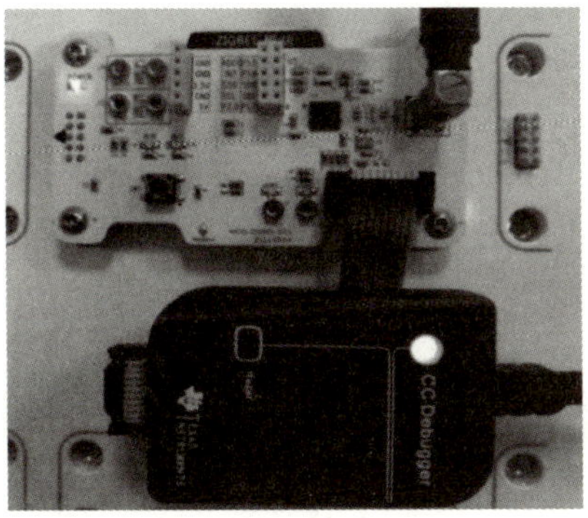

图 0-29　实训模块与仿真器连接

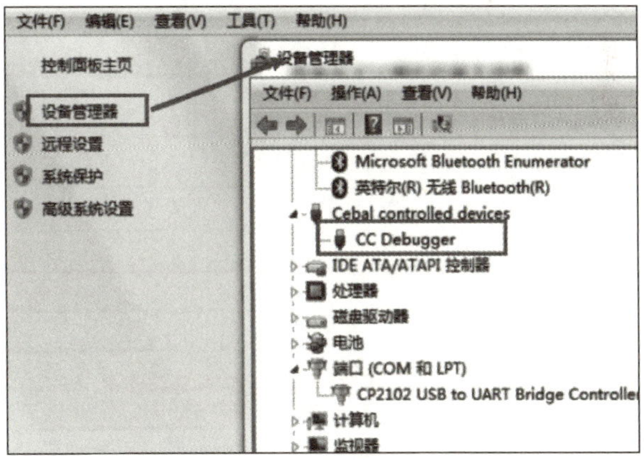

图 0-30　仿真器安装成功状态

3) 单击工具栏中的“ ”按钮，下载程序，进入调试状态，如图 0-31 所示，单击“单步”调试按钮，逐步执行每条代码，当执行到“LED1=1;”代码时 LED1 灯亮；再单击“复位”按钮，LED1 灯灭，重复执行上述动作；再点亮 LED1 灯。注意：下载程序后，程序就被烧录到芯片中，实训板断电后，再接电源，可以照常执行点亮 LED1 灯程序，既具有仿真功能，又具有烧录程序功能。

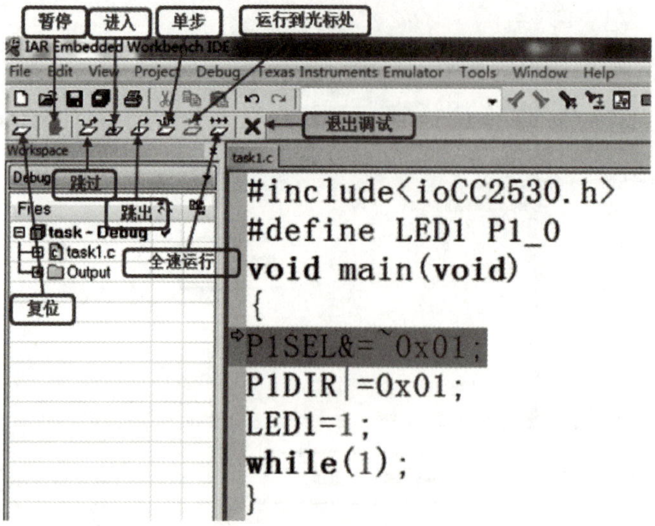

图 0-31 调试状态

至此已完成 IAR 集成开发环境的搭建、工程配置、程序编写与调试等工作。现在大部分 TI 芯片仿真器(如 SRF04BB、CC Debugger 等)都支持在 IAR 环境中进行程序下载和调试，用户使用起来很方便。另外还有一种烧录方法，即 SmartRF Flash Programmer 软件。

知识总结	自我评价

五、SmartRF Flash Programmer

SmartRF Flash Programmer 可以对德州仪器公司低功率射频片上系统的闪存进行编程，还可以用来读取和写入芯片的 IEEE/MAC 地址。SmartRF Flash Programmer 有多个选项卡可供选择，其中“System-on-chip”用于编程德州仪器公司的 SoC 芯片，如 CC1110、CC2430 和 CC2530 等。在这里主要用来将开发好的 hex 文件下载进 CC2530 芯片中。

1. 安装 SmartRF Flash Programmer

双击“Setup_SmartRFProgr”安装文件，默认设置安装即可。安装完成界面如图 0-32 所示。

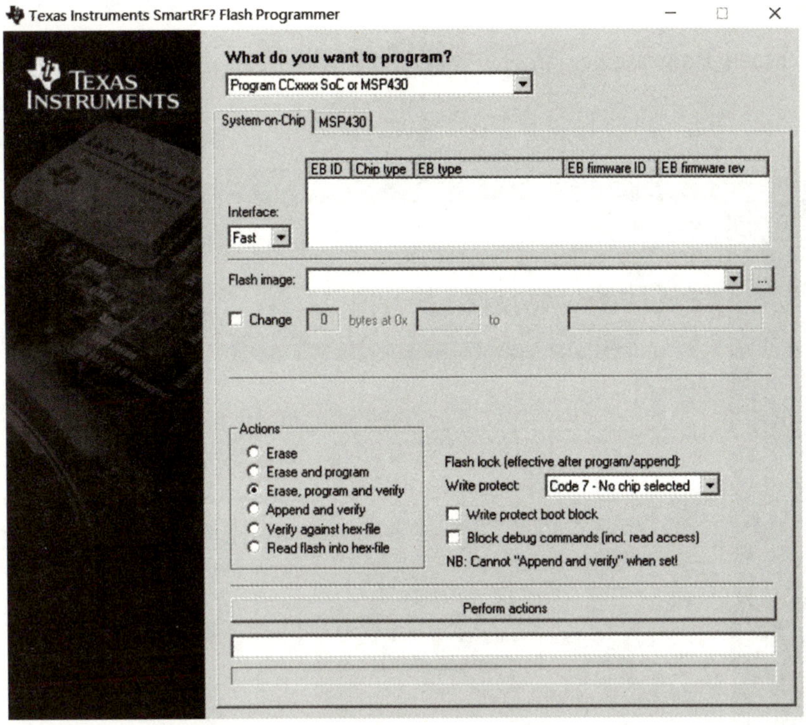

图 0-32 SmartRF Flash Programmer 界面

2. 配置工程选项参数输出 hex 文件

执行菜单栏“Project”→“Options…”命令，选择“Linker”选项卡，按照图 0-33 所示的设置要求，设置“Format”选项，使用 C-SPY 进行调试。选择“Extra Output”选项卡，更改输出文件的扩展名为“. hex”，将“Output format”设置 为“intel-extended”，单击“OK”按钮完成设置，重新编译程序，会生成 hex 文件，路径为工程路径下的“…\ Debug\ Exe\ ”。

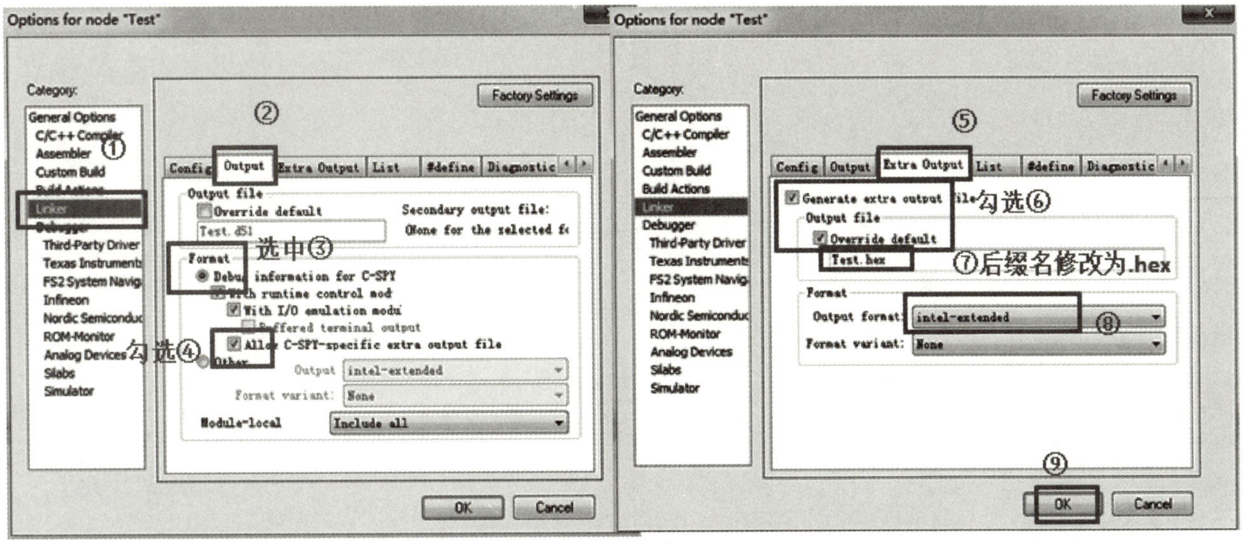

图 0-33 “Output”选项卡配置输出 hex 文件

3. 烧录 hex 文件

打开 SmartRF Flash Programmer 软件，按照图 0-34 所示进行操作，hex 文件路径为“…\Debug\Exe\”。

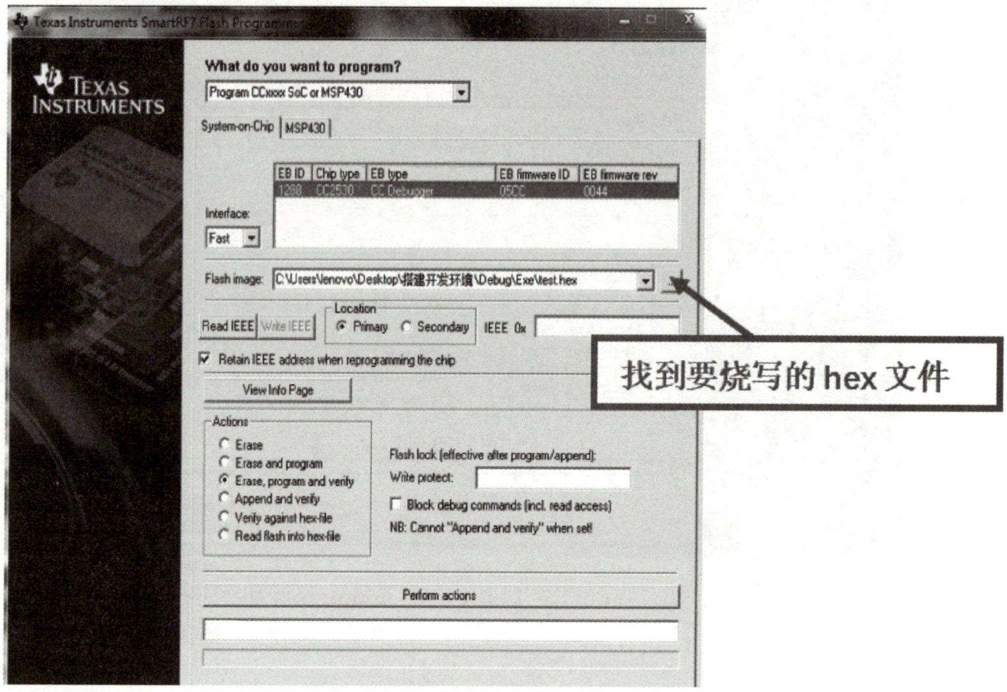

图 0-34　烧录 hex 文件

至此，既可以在 IAR 环境中烧录程序，并仿真调试程序，又可以使用 SmartRF Flash Programmer 软件把 hex 文件烧录到 CC2530 芯片中。

知识总结	自我评价

测试与评价

<table>
<tr><th>训练与测试</th><th>自我评价</th></tr>
<tr><td>在桌面新建文件夹，以“Task”命名，创建 IAR 工程，工程和工作空间的名字分别为：proj、work。新建 C 文件，以“test. c”命名，并添加到 IAR 工程中，配置好工程选项参数。
1)在 test. c 窗口输入如下代码：
<pre>//*************************************
#include<iocc2530.h>
#define LED1 P1_0   //P1_0 端口控制 LED1 发光二极管
#define LED2 P1_1   //P1_1 端口控制 LED2 发光二极管
#define LED1 P1_3   //P1_3 端口控制 LED3 发光二极管
#define LED2 P1_4   //P1_4 端口控制 LED4 发光二极管
void main(void)
{
P1SEL&=~0x1B;   //P1_0、P1_1、P1_3、P1_4 端口为通用 I/O 端口
P1DIR|=0x1B;   //P1_0、P1_1、P1_3、P1_4 端口为输出端口
LED1=1;   //点亮 LED1 发光二极管
LED2=1;   //点亮 LED2 发光二极管
LED3=1;   //点亮 LED3 发光二极管
LED4=1;   //点亮 LED4 发光二极管
while(1);
}</pre></td><td></td></tr>
<tr><td>2)编译、链接、下载、调试程序，将 CC Debugger 仿真下载器连接到计算机和实训模块上，查看此程序的功能。</td><td></td></tr>
<tr><td>3)请查阅资料，了解劳模精神、劳动精神、工匠精神的内涵，作为一名学生，将如何弘扬三种精神？</td><td></td></tr>
</table>

模块一

CC2530 通用 I/O 端口输入输出控制与应用

单片机的控制应用在我们的生活中无所不在，如家电设备的智能化控制，智能家居中的家庭安防、智能照明等，智能交通中的车辆导航、智能停车等，医疗设备中的心电图仪、血压计等，利用单片机引脚输入输出信号驱动各类设备实现控制设备的运行和状态，是单片机最为典型的应用。

知识导读

本模块主要内容是学习 CC2530 单片机入门性基础知识与基本技能。共有三个任务构成，分别是点亮 LED 灯、控制 LED 灯交替闪烁及按键输入控制 LED 灯亮灭。以 ZigBee 实训模块上灯与按键为开发对象，学习灯和按键与 CC2530 单片机的 I/O 端口相关寄存器及其设置方法，会应用 IAR 软件编写、编译、链接、下载、调试程序，并会利用 CC Debugger 进行演示仿真。

精彩内容

任务 1　点亮 LED 灯

任务 2　控制 LED 灯交替闪烁

任务 3　按键输入控制 LED 灯亮灭

点亮 LED 灯

任务 1　点亮 LED 灯

任务描述

将 ZigBee 实训模块与 CC Debugger 仿真下载器连接在一起，并分别连接到计算机，在 IAR 软件中新建工程和源文件，编译、链接、下载、调试程序，实现点亮 ZigBee 模块上的 LED1 发光二极管的功能。

任务目标

素质目标：

1) 在程序编写过程中，具备严谨、细致的工作态度。

2) 在小组合作讨论中，具备团队协作意识。

知识目标：

1) 掌握 CC2530 芯片的 I/O 端口及端口寄存器。

2) 掌握端口寄存器的配置方法。

3) 理解 ZigBee 模块的 LED 电路原理。

4) 掌握程序设计流程。

能力目标：

会应用 IAR 软件编写、编译、链接、下载、调试程序，能够将 CC Debugger 仿真下载器的下载线连接到 ZigBee 实训模块与计算机，进行仿真演示。

任务分析

1. 知识分析

点亮 LED 灯，应熟悉 CC2530 单片机端口寄存器，并会设置相关端口寄存器。

2. 设备分析

实训任务选择 ZigBee 实训模块，如图 1-1-1 所示，会识读此实训模块电路图，并明确此模块上 LED 灯与 CC2530 单片机端口关系。

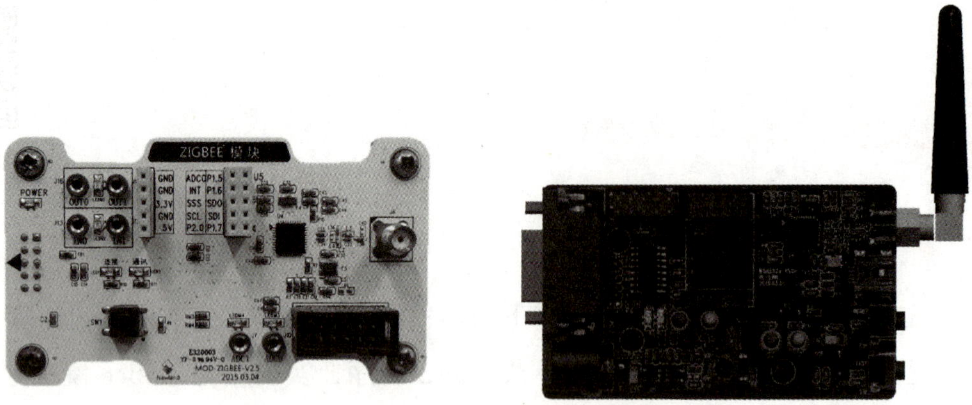

图 1-1-1　ZigBee 实训模块

3. 技能分析

要点亮 LED 灯，必须会运用 IAR 软件进行编程，并能够编译、链接、调试程序；会利用 CC Debugger 仿真下载器，将仿真器的下载线连接到 ZigBee 实训模块与计算机，进行仿真演示。

知识储备

一、CC2530 单片机 I/O 端口寄存器

CC2530 单片机 I/O 端口相关的常用寄存器有以下 4 个(x 表示端口号 0~2)：

Px：数据端口，用来控制端口的输出或获取端口的输入。

PxSEL：端口功能选择，设置端口是通用 I/O(GPIO)还是外设 I/O。

PxDIR：作为通用 I/O 时，用来设置数据的传输方向。

PxINP：作为通用 I/O 时，选择输入模式是上拉、下拉还是三态。

与本节任务相关的寄存器有 Px、PxSEL、PxDIR。

1. Px 数据端口

Px 数据端口用来控制端口的输出或获取端口的输入。各端口寄存器如表 1-1-1 所示。

表 1-1-1　各端口寄存器

P0(0x80)-Port0				
位	**名称**	**复位**	**R/W**	**描述**
7:0	P0[7:0]	0xFF	R/W	可用作 GPIO 或外设 I/O，8 位，位寻址
P1(0x90)-Port1				
位	**名称**	**复位**	**R/W**	**描述**
7:0	P1[7:0]	0xFF	R/W	可用作 GPIO 或外设 I/O，8 位，位寻址

续表

P2(0xA0)-Port2				
位	**名称**	**复位**	**R/W**	**描述**
7:5	—	000	R0	高 3 位(P2_7~P2_5 没有使用)
4:0	P2[4:0]	0xFF	R/W	可用作 GPIO 或外设 I/O，5 位，位寻址

2. PxSEL 功能选择寄存器

单片机大部分 I/O 端口都是功能复用的，在使用时需要通过功能选择寄存器来配置端口的功能。

寄存器 PxSEL(其中 x 表示端口号 0~2，如要配置 P1_1 端口，则选择 P1SEL)，可用于将端口中的每个引脚配置为通用 I/O 引脚或外设 I/O 引脚，可位寻址。默认情况下，复位后，所有数字输入/输出引脚都配置为通用输入引脚，如表 1-1-2 所示。

注意：

①复位之后，寄存器的 PxSEL 所有位为 0，即默认为 GPIO；

②P2 端口中，P2_4、P2_3、P2_0 三个引脚具有 GPIO 或外设 I/O 双重功能，P2_2 和 P2_1 除具有 Debug 功能外，仅有 GPIO 功能，无外设 I/O 功能。

表 1-1-2　功能寄存器

P0SEL(0xF3)-P0 端口功能选择				
位	**名称**	**复位**	**R/W**	**描述**
7:0	SELP0_[7:0]	0x00	R/W	P0_7~P0_0 功能选择 0：通用 I/O；1：外设 I/O
P1SEL(0xF4)-P1 端口功能选择				
位	**名称**	**复位**	**R/W**	**描述**
7:0	SELP1_[7:0]	0x00	R/W	P1_7~P1_0 功能选择 0：通用 I/O；1：外设 I/O
P2SEL(0xF5)-P2 端口功能选择和 P1 端口外设优先级控制				
位	**名称**	**复位**	**R/W**	**描述**
7	—	0	R/W	没有使用
6	PRI3P1	0	R/W	P1 端口外设优先级控制位。当 PERCFG 同时分配 USART0 和 USART1 用到同一引脚时，该位决定其优先级顺序。 0：USART0 优先；1：USART1 优先

续表

位	名称	复位	R/W	描述
5	PRI2P1	0	R/W	P1 端口外设优先级控制位。当 PERCFG 同时分配 USART1 和 Time3 用到同一引脚时，该位决定其优先级顺序。 0：USART1 优先；1：Time3 优先
4	PRI1P1	0	R/W	P1 端口外设优先级控制位。当 PERCFG 同时分配 Time1 和 Time4 用到同一引脚时，该位决定其优先级顺序。 0：Time1 优先；1：Time4 优先
3	PRI0P1	0	R/W	P1 端口外设优先级控制位。当 PERCFG 同时分配 USART0 和 Time1 用到同一引脚时，该位决定其优先级顺序。 0：USART0 优先；1：Time1 优先
2	SELP2_4	0	R/W	P2_4 功能选择位 0：通用 I/O；1：外设 I/O
1	SELP2_3	0	R/W	P2_3 功能选择位 0：通用 I/O；1：外设 I/O
0	SELP2_0	0	R/W	P2_0 功能选择位 0：通用 I/O；1：外设 I/O

3. PxDIR 方向选择

当作为通用 I/O 时，用来设置数据的传输方向，如表 1-1-3 所示。

注意：

1)复位之后，寄存器 PxDIR 所有位为 0，即默认为输入；

2)P2 端口仅有 P2_4~P2_0 5 个引脚可以设置为输入或输出。

表 1-1-3　方向寄存器

P0DIR(0xFD)-P0 端口方向				
位	名称	复位	读/写	描述
7:0	DIRP0_[7:0]	0x00	R/W	P0_7~P0_0 方向选择位 0：输入；1：输出
P1DIR(0xFE)-P1 端口方向				
位	名称	复位	读/写	描述
7:0	DIRP1_[7:0]	0x00	R/W	P1_7~P1_0 方向选择位 0：输入；1：输出

续表

P2DIR(0xFF)-P2端口方向和P0端口外设优先级控制				
位	**名称**	**复位**	**读/写**	**描述**
7:6	DIRP0_[1:0]	00	R/W	P0端口外设优先级控制位。当PERCFG同时分配几个外设用到同一引脚时，该两位决定其优先级顺序。 00：USART0高于USART1； 01：USART1高于Timer1； 10：Timer1通道0、1高于USART1； 11：Timer1通道2高于USART0
5	—	0	R0	没有使用
4:0	DIRP2_[4:0]	0x00	R/W	P2_4～P2_0方向选择位 0：输入；1：输出

知识总结	自我评价

知识拓展

在微控制器内部，有一些特殊功能的存储单元，这些单元用来存放控制微控制器内部器件的命令、数据或运行过程中的一些状态信息，这些寄存器统称为"特殊功能寄存器(SFR)"。操作微控制器的本质，就是对这些特殊功能寄存器进行读写操作，并且某些特殊功能寄存器可以位寻址。

每一个特殊功能寄存器本质上就是一个内存单元，而标识每个内存单元的是内存地址，不容易记忆。为了便于使用，每个特殊功能寄存器都会起一个名字，在程序设计时，只要引入头文件"iocc2530.h"，就可以直接使用寄存器的名称访问内存地址了。

二、CC2530单片机I/O端口寄存器的配置

1. 对寄存器的某些位置零而不影响其他位

例如：寄存器P1SEL的当前值是0x6c，现需要将该寄存器的第1位、第3位和第5位设

置为 0，同时不能影响该寄存器其他位的值，那么在 C 语言中应该怎么编写代码呢？

使用“&= ~”将寄存器指定位清零，同时不影响其他位的值。

正确写法：P1SEL &= ~0x2A;

因为：逻辑“与”操作的特点是，该位有 0 结果就为 0，若为 1 则保持原来值不变。

分析：首先将字节“0000 0000”中要操作的第 1 位、第 3 位和第 5 位设置为 1，即 0010 1010，再将该数值取反，即 1101 0101，也就是 ~0x2A。最后将该值与寄存器 P1SEL 中的值 0110 1100 相“与”，那么有 0 的位，即 1、3、5 位将被置 0，其余的位会保持原来的值不变。

则经过“P1SEL &= ~0x2A;”后，即 0110 1100 && 1101 0101 = 0100 0100，就将 1、3、5 位置零了，而其他位不变。

总结：对寄存器的某些位置零时，设置方法是将字节“0000 0000”中要操作的位设置为 1，采用逻辑运算符“&= ~”。

2. 对寄存器的某些位置 1 而不影响其他位

例如：寄存器 P1SEL 的当前值是 0x6c，现需要将该寄存器的第 1 位、第 4 位和第 5 位设置为 1，同时不能影响该寄存器其他位的值，那么在 C 语言中应该怎么编写代码呢？

使用“| =”将寄存器指定位置 1，同时不影响其他位的值。

正确写法：P1SEL | = 0x32;

因为：逻辑“或”操作的特点是，该位有 1 结果就为 1，若为 0 则保持原来值不变。

首先将字节“0000 0000 ”中要操作的第 1 位、第 4 位和第 5 位设置为 1，即 0011 0010，也就是 0x32。再将该值与寄存器 P1SEL 相“或”，则有 1 的位，即 1、4、5 位将被设置为 1，其余的位会保持原来的值不变。

由上述可知，因为 P1SEL 的当前值为 0x6c，即 0110 1100，则经过“P1SEL | = 0x32;”后，即 0110 1100 | | 0011 0010 = 0111 1110，就将 1、4、5 位置 1 了，而其他位不变。

总结：对寄存器的某些位置 1 时，设置方法是将字节“0000 0000”中要操作的位设置为 1，采用逻辑运算符“| =”。

知识总结	自我评价

例题讲解

【例题 1-1-1】将 P0 端口的 P0_1 位方向设置为输入，P0_3 和 P0_6 位方向设置为输出。

例题分析：

因为 CC2530 单片机 I/O 端口方向的设置，其前提条件是“当 I/O 端口作为通用 I/O 时”，因此在设置端口方向时，首先要设置端口的功能选择为“通用 I/O”。

设置步骤：

步骤 1：功能选择。设置 P0 口相应端口为通用 I/O(GPIO)，即将 P0 口的第 1 位、第 3 位和第 6 位设置为 0。所以需要将字节 0000 0000 第 1 位、第 3 位和第 6 位设置为 1，即“0100 1010 ”，采用逻辑运算符“&=~”。

```
P0SEL &=~ 0x4A;
```

步骤 2：方向选择。

1)设置 P0_1 端口方向为输入，即将 P0 口的第 1 位设置为 0，所以需要将字节“0000 0000”第 1 位设置为 1，即“0000 0010”，采用逻辑运算符“&=~”。

```
P0DIR &=~ 0x02;
```

2)设置 P0_3 和 P0_6 端口为输出，即将 P0 口的第 3 位和第 6 位设置为 1，所以需要将字节“0000 0000”第 3 位和第 6 位设置为 1，即“0100 1000”，采用逻辑运算符“|=”。

测试与评价

训练与测试	自我评价
1)将 P1 端口的 P1_0、P1_1、P1_3、P1_4 位方向设置为输出，P1_2 位方向设置为输入。 2)将 P0 端口 P0_6 设置为输入，P2_0、P2_4 设置为输出。	

温馨提示

1)当对某些位置 0 时，应注意：

①该方法只能操作多位同时清 0，或者某一位清 0 的情况，如果要将寄存器的位既要清 0 又要置 1，则不能采用这种写法。

②在不少嵌入式应用的源码程序中，对于寄存器的第 n 位的清 0 操作也可以写成：寄存器 &= ～(0x01<<(n))；”。其道理是一样的。

2) 当对某些位置 1 时，应注意：

①该方法只能操作多位同时置 1，或者某一位置 1 的情况。

②对于寄存器的第 n 位的清 0 操作也可以写成：“寄存器 | = (0x01<<(n))；”。

三、LED 与 CC2530 单片机端口的关系

ZigBee 实训模块黑板上有 4 个 LED 灯，LED1、LED2、LED3 和 LED4 分别由 P1 口的 P1_0、P1_1、P1_3 和 P1_4 端口控制，白板上有 2 个 LED 灯，LED1、LED2 分别由 P1_0 和 P1_1 端口控制，电路如图 1-1-2 所示，由图可知，根据二极管的单向导电性，要点亮发光二极管，这些端口应编程为输出功能，输出高电平。

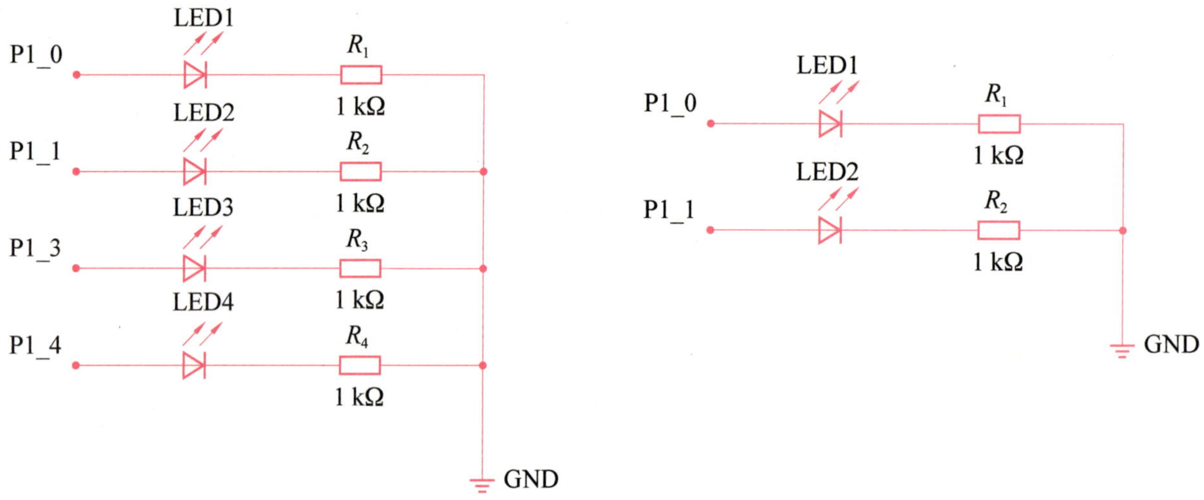

图 1-1-2　ZigBee 模块黑板和白板上 LED 与 CC2530 单片机端口的关系

注意：

在编写 C 语言代码时，常应用到一条预处理指令#DEFINE，其定义的一般形式为：

```
#DEFINE 标识符 字符串
```

其中的“#”表示这是一条预处理命令。凡是以“#”开头的均为预处理命令。“DEFINE”为宏定义命令。“标识符”为所定义的宏名。“字符串”可以是常数、表达式、格式串等。如以下语句，它的作用是指定标识符 LED1、LED2、LED3、LED4 来表示 P1_0、P1_1、P1_3、P1_4。

```
//*****************************************************
#define LED1 P1_0;  //P1_0端口控制 LED1发光二极管
#define LED2 P1_1;  //P1_1端口控制 LED2发光二极管
#define LED3 P1_3;  //P1_3端口控制 LED3发光二极管
#define LED4 P1_4;  //P1_4端口控制 LED4发光二极管
```

本任务中，我们需要点亮 LED1 灯，所以只需宏定义“#define LED1 P1_0”即可。

知识总结	自我评价

任务指导

1. 搭建开发环境

1）新建工作区，工作区名为：work1_1。

2）新建工程，工程名为：project1_1。

3）新建源程序文件，命名为 test1_1. c。

4）将 test1_1. c 文件添加到 project1_1 工程中。

5）按键 Ctrl+S 保存工作区。

6）配置工程选项，“Project”→“Options”→“General Options”，“Device”→“Texas Instruments”→“CC2530F256”。

7）配置 Linker，勾选“Override default”单选按钮。

8）配置 Debugger，“Debugger”→“Setup”→“Driver”→“Texas Instruments”。

2. 在编辑窗口设计程序

1）准备工作。引入 CC2530 必要的头文件“iocc2530. h”，定义相关变量等。

```
//*****************************************************
#include <iocc2530.h>     //引用 CC2530头文件
#define LED1 P1_0         //P1_0端口控制 LED1发光二极管
```

2）设计端口初始化函数 init_gpio()。配置端口功能寄存器和方向寄存器。

```
//****************端口初始化函数*********************
void init_gpio()
{
P1SEL&=~0x01;        //设置 P1_0端口功能为通用 I/O
P1DIR|=0x01;         //设置 P1_0端口方向为输出
LED1=0;              //LED1灭
}
```

注意：LED1 的初始状态也可用语句“P1&=~0x01;”表示。

3)设计主函数。调用端口初始化函数，点亮 LED1。

```
//****************主函数*********************
void main(void) //主函数
{
init_gpio();
LED1=1;
while(1);
}
```

3. 编译、链接程序

编译无错后，将 CC Debugger 与 ZigBee 模块相连，并分别连接到计算机，下载程序，可以看到 LED1 灯点亮，如图 1-1-3 所示。

图 1-1-3 仿真器与 ZigBee 实训模块相连

知识总结	自我评价

实训与评价

将 ZigBee 模块与 CC Debugger 仿真器连接在一起，并分别连接到计算机，在 IAR 软件中新建工程和源文件，编译、链接、下载、调试程序，实现点亮 ZigBee 模块（黑板）上任意两个 LED 发光二极管的功能。

根据所学知识完成如下程序设计流程及职业素养评价：

程序设计流程及职业素养评价		提示	分数	评价
1	引用头文件，定义相关变量	定义任意两个 LED 相应端口	10	
2	端口初始化函数的编程	LED 相应端口的初始化状态（设置端口功能寄存器与方向寄存器及 LED 初始状态）	20	
3	主函数的编程	主函数的编程主要包括初始化函数的调用及功能的实现	40	
4	编译、链接程序		15	
5	将 CC Debugger 仿真器的下载线连接到 ZigBee 模块电路，测试程序功能		10	
6	职业素养评价：设备轻拿轻放，摆放整齐；保持环境整洁；合作探究		5	

课后训练与提升

1. 课后训练

1) 下图中，要点亮 LED 灯，CC2530 的 P1_0 口应编程为(　　)。

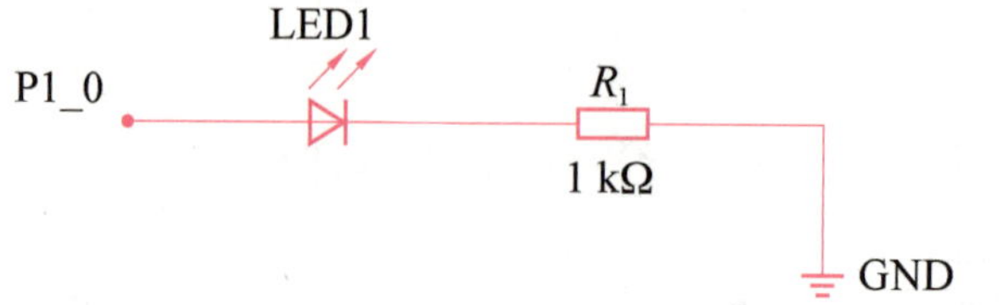

A. 输出功能，输出高电平　　B. 输出功能，输出低电平

C. 输入功能，输入高电平　　D. 输入功能，输入低电平

2) 下述 CC2530 控制代码实现的最终功能是(　　)。

```
P1DIR |= 0x03;
P1 = 0x02;
```

A. 让 P1_0 口和 P1_1 口输出高电平

B. 让 P1_0 口和 P1_1 口输出低电平

C. 让 P1_0 口输出高电平、P1_1 口输出低电平

D. 让 P1_0 口输出低电平、P1_1 口输出高电平

3) 在 CC2530 的编程中，对按键 P1_2 使用宏定义，正确的是(　　)。

A. define KEY P1_2　　B. define P1_2 KEY

C. #define KEY P1_2　　D. #define P1_2 KEY

4) 下图中，要点亮 LED 灯，CC2530 正确的编程代码为(　　)。

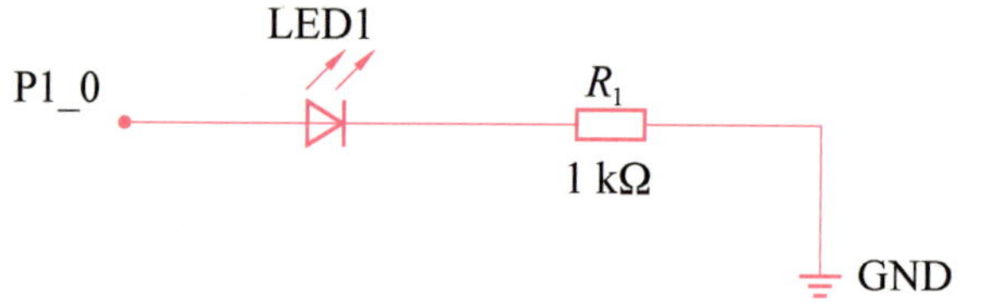

A. P1DIR &= ~0x01;
P1_0 = 1;

B. P1DIR &= ~0x01;
P1_0 = 0;

C. P1DIR |= 0x01;
P1_0 = 1;

D. P1DIR |= 0x01;
P1_0 = 0;

5) 在 CC2530 单片机中配置端口引脚为输出方向的寄存器是(　　)。

A. PxIEN　　B. PxSEL　　C. Px　　D. PxDIR

2. 任务提升

将 ZigBee 模块与 CC Debugger 仿真器连接在一起，并分别连接到计算机，在 IAR 软件中新建工程和源文件，编译、链接、下载、调试程序，实现点亮 ZigBee 模块上任意 3 个 LED 发光二极管、4 个发光二极管的功能。

任务 2　控制 LED 灯交替闪烁

控制 LED 灯
交替闪烁

任务描述

将 ZigBee 模块与 CC Debugger 仿真器连接在一起，并分别连接到计算机，在 IAR 软件中新建工程和源文件，编译、链接、下载、调试程序，控制 ZigBee 模块上的 LED1 和 LED2 两个发光二极管交替闪烁。

任务目标

素质目标：

1）实训过程中具备绿色、环保、低碳的意识，爱惜设备、节约资源、节约用电、环境整洁。

2）具备物联网行业职业道德准则和行为规范意识，具备社会责任感和担当精神。

知识目标：

1）掌握延时函数的设计。

2）掌握程序设计的流程步骤。

能力目标：

会应用 IAR 软件编写、编译、链接、下载、调试程序，能够将 CC Debugger 仿真器的下载线连接到 ZigBee 实训模块与计算机，进行仿真演示。

任务分析

1. 知识分析

实现两个 LED 灯的交替闪烁，必须掌握两个灯的端口相关寄存器的设置，及两个灯交替闪烁时时间间隔的程序设计。

2. 设备分析

实训任务选择 ZigBee 实训模块，如图 1-2-1 所示，能够依据实训模块电路图，明确两个灯与 CC2530 单片机端口的关系。

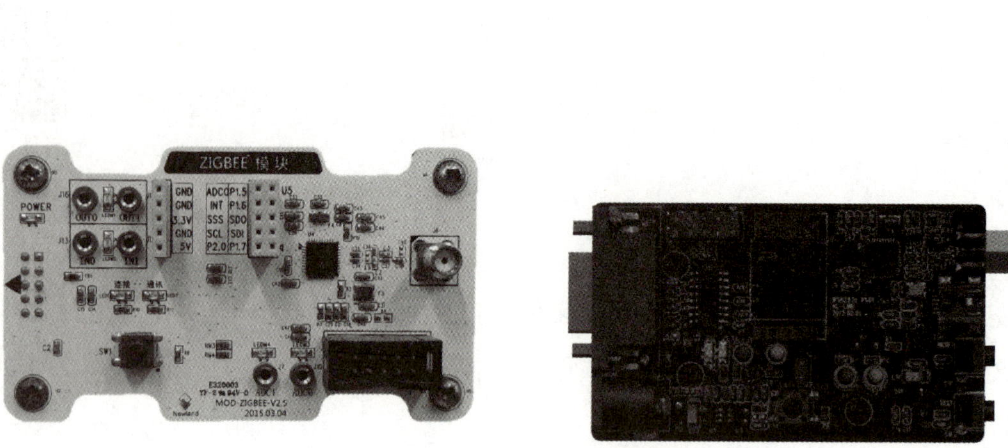

图 1-2-1　ZigBee 实训模块

3. 技能分析

实现两个灯的交替闪烁，必须会运用 IAR 软件进行编程，并能够编译、链接、调试程序；会利用 CC Debugger 仿真器，将仿真器的下载线连接到 ZigBee 实训模块与计算机，进行仿真演示。

知识储备

一、LED1、LED2 端口相关寄存器及其设置

ZigBee 实训模块电路 LED 灯与 CC2530 单片机端口的关系，如图 1-2-2 所示。

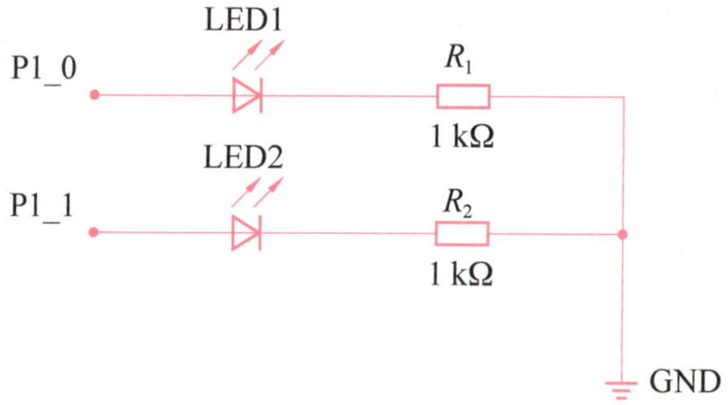

图 1-2-2　CC2530 实训模块 LED1、LED2 灯与端口的关系

LED1、LED2 端口相关寄存器有 P1 端口寄存器、P1SEL 功能寄存器及 P1DIR 方向寄存器，其设置方法在任务 1 已做了详细介绍。

二、延时函数

1. 延时函数的设计

延时函数的设计可以利用 C 语言程序中的循环语句。C 语言程序中关于循环语句有三类：while 循环语句、do-while 循环语句及 for 循环语句。在此，我们采用 for 循环语句。

下面是利用 for 循环语句编写的延时函数，当我们需要延时时，只需要调用此延时函数即可。以下是延时函数 delaylms(假设单片机晶振频率为 32 MHz)。

```
//**************延时函数***********************
void delaylms(unsigned int i)
{
unsigned int j,k;
for(j=0;j<i;j++)
{
for(k=0;k<500;k++);
}
}
```

2. 延时函数的调用

调用延时函数时，只需依据任务要求修改 i 的值即可。

如要延时 1 s，则调用延时函数如下：

```
delay1ms(1000);
```

知识总结	自我评价

注意：程序的编译都是从 main 函数开始的。如果被调用函数的定义出现在 main 函数之前，可以不必加以声明；如果被调用函数的定义出现在 main 函数之后，必须在 main 函数前声明，否则，编译将出现错误。如以下代码 1 是正确的，因为延时函数定义在 main 函数之前，所以不必声明。而代码 2 因为延时函数定义在 main 函数之后，又没有在 main 函数之前声明，所以编译会出错。即：

```
//***************************代码1*******************
……
void delay(unsigned int i)//延时函数
{…… }
void main(void)
{
  ……
  delay(1000);
  ……
}
//***************************代码2******************
void main(void)
{
  ……
  delay(1000);
  ……
}
void delay(unsigned int i)//延时函数
{…… }
```

任务指导

1. 搭建开发环境

1)新建工作区，工作区名为：work1_2。

2)新建工程，工程名为：project1_2。

3)新建源程序文件，命名为 test1_2. c。

4)将 test1_2. c 文件添加到 project1_2 工程中。

5)按键 Ctrl+S 保存工作区。

6)配置工程选项，“Project”→“Options”→“General Options”，“Device”→“Texas Instruments”→“CC2530F256”。

7)配置 Linker，勾选“Override default”单选按钮。

8)配置 Debugger，“Debugger”→“Setup”→“Driver”→“Texas Instruments”。

2. 在编辑窗口设计程序

(1)准备工作

引入 CC2530 必要的头文件“iocc2530. h”，定义相关变量等。

```
//************************************************
#include <iocc2530.h>     //引用CC2530头文件
#define LED1 P1_0         //P1_0端口控制LED1发光二极管
#define LED2 P1_1         //P1_1端口控制LED2发光二极管
```

(2)设计延时函数

```
//*************延时函数*******************
void delay(unsigned int i)
{
  unsigned int j,k;
  for(j=0;j<i;j++)
  {
    for(k=0;k<500;k++);
  }
}
```

(3)设计端口初始化函数 init_gpio()

设计端口初始化函数 init_gpio()，配置端口功能寄存器和方向寄存器。

```
//***********端口初始化函数*******************
void init_gpio()
{
  P1SEL&=~0x03;      //设置P1_0、P1_1为GPIO
  P1DIR|=0x03;       //设置P1_0、P1_1端口方向为输出
  LED1=0;            //LED1的初始状态为灭
  LED2=0;            //LED2的初始状态为灭
}
//注意:LED1和LED2的初始状态也可用语句"P1 &=~0x03;"表示。
```

(4)设计主函数

设计主函数，控制 LED1 和 LED2 两个灯亮灭。

```
//*************主函数*******************
void main(void) //主函数
{
  init_gpio(); //调用端口初始化函数
  while(1)
  {
    LED1= 1;
    LED2 =0;
    delay(1000);//延时1 s
    LED1=0;
```

```
    LED2=1;
    delay(1000);//延时1 s
  }
}
```

3. 编译、链接程序

编译无错后，将 CC Debugger 与 ZigBee 模块相连，并分别连接到计算机，下载程序，测试程序功能。

知识总结	自我评价

实训与评价

将 ZigBee 实训模块(黑板)与 CC Debugger 仿真器连接在一起，并分别连接到计算机，在 IAR 软件中新建工程和源文件，编译、链接、下载、调试程序，实现 ZigBee 模块上 4 个 LED 灯循环点亮的效果。

根据所学知识完成如下程序设计流程及职业素养评价：

程序设计流程及职业素养评价		提示	分数	评价
1	引用头文件，定义相关变量	宏定义 4 个 LED 灯	5	
2	延时函数的编程		10	

续表

程序设计流程及职业素养评价		提示	分数	评价
3	端口初始化函数的编程	设置相应端口的功能寄存器与方向寄存器或 LED 灯的初始状态	15	
4	主函数的编程	主函数的编程主要包括初始化函数的调用及功能的实现	40	
5	编译、链接程序		15	
6	将 CC Debugger 仿真器连接到 ZigBee 模块，实现程序功能		10	
7	职业素养评价：设备轻拿轻放、摆放整齐；保持环境整洁；小组合作等		5	

课后训练与提升

1. 课后训练

1）要把 CC2530 芯片的 P1_0、P1_1、P1_2、P1_3 设置为 GPIO 端口，P1_4、P1_5、P1_6、P1_7 设置为外设端口，正确的代码设计是（　　）。

A. P1SEL = 0xF0　　　　B. P1SEL = 0x0F

C. P1DIR = 0xF0　　　　D. P1DIR = 0x0F

2) P1DIR |= 0x04，是把(　　)端口设为输出模式。

A. P1_0　　B. P1_1　　C. P1_2　　D. P1_3

3) CC2530 中的寄存器 PxSEL，其中 x 为端口的标号(　　)。

A. 0~1　　B. 0~4　　C. 0~3　　D. 0~2

4) CC2530 寄存器 PxSEL 复位之后，所有的位均为(　　)。

A. 3　　B. 2　　C. 1　　D. 0

5) 要把 CC2530 芯片的 P1_1、P1_3 端口方向设置为输入，正确的代码设计是(　　)。

A. P1SEL&=~0x0A；P1DIR&=~0x0A；

B. P1SEL&=~0x0A；P1DIR|=0x0A；

C. P1SEL|=0x0A；P1DIR&=~0x0A；

D. P1SEL|=0x0A；P1DIR|=0x0A；

2. 任务提升

花样流水灯的设计。要求：将 ZigBee 模块与 CC Debugger 仿真器连接在一起，并分别连接到计算机，在 IAR 软件中新建工程和源文件，编译链接程序，下载调试程序，实现 ZigBee 模块上 4 个 LED 花样流水灯的效果。

任务 3 按键输入控制 LED 灯亮灭

按键输入控制 LED 灯亮灭

任务描述

将 ZigBee 模块与 CC Debugger 仿真器连接在一起，并分别连接到计算机，在 IAR 软件中新建工程和源文件，编译、链接、下载、调试程序，利用按键扫描的方式实现按键控制 ZigBee 模块上的 LED1 的开关功能，即按键 SW1 按下后松开，LED1 亮，按键 SW1 再次按下后松开，LED1 灭。

任务目标

素质目标：

1) 程序设计过程中，具备严谨求实、认真负责的学习态度。

2) 学习中具备守纪律、讲规矩、明底线、知敬畏的道德意识。

知识目标：

1) 掌握 ZigBee 模块按键 SW1 电路的工作原理。

2) 掌握按键相关寄存器及其设置。

能力目标：

会应用 IAR 软件编写、编译、链接、下载、调试程序，能够将 CC Debugger 仿真器的下载线连接到 ZigBee 实训模块与计算机，进行仿真演示。

任务分析

1. 知识分析

实现按键控制 LED，必须熟悉按键及 LED 端口寄存器，并会设置相关端口寄存器。

2. 设备分析

实训任务选择 ZigBee 实训模块，如图 1-3-1 所示，要会识读 ZigBee 实训模块电路图，并明确模块上按键和 LED 灯与 CC2530 单片机端口关系，理解按键电路的工作原理。

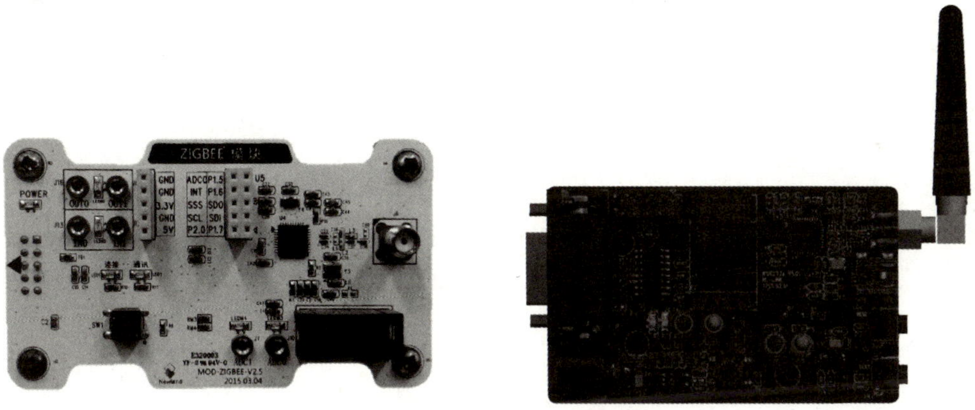

图 1-3-1　ZigBee 实训模块

3. 技能分析

要实现按键控制 LED，必须会运用 IAR 软件进行编程，并能够编译、链接、调试程序；会利用 CC Debugger 仿真器，将仿真器的下载线连接到 ZigBee 实训模块与计算机，进行仿真演示。

知识储备

一、ZigBee 模块按键电路分析

1. ZigBee 模块按键 SW1 的相关电路

识读 ZigBee 模块的电路图，明确 ZigBee 模块上的按键 SW1 电路，如图 1-3-2 所示。

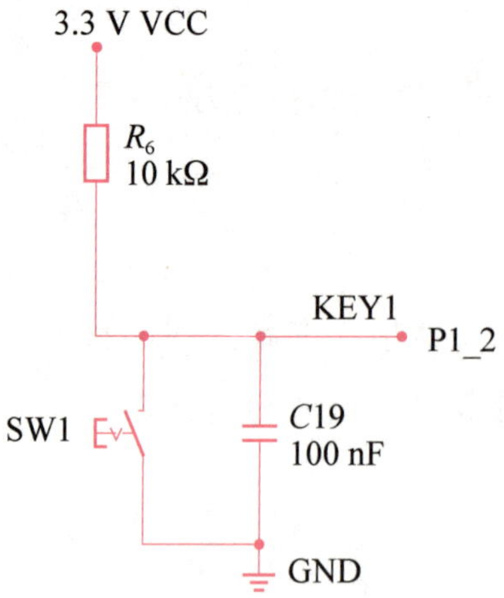

图 1-3-2　按键电路

2. 电路分析

1) 初始状态，按键 SW1 未按下，端口 P1_2 通过电阻 R_6(上拉电阻) 与电源相连，P1_2 端口为高电平，P1_2 的输入模式为上拉模式。

2) 当按键按下时，P1_2 端口直接与地相连，P1_2 端口为低电平。

知识总结	自我评价

知识拓展

单片机的上拉、下拉和三态

输入方式是指用来自外界器件获取输入的电信号，当 CC2530 的引脚为输入端口时，该端口能够提供“上拉”“下拉”“三态”三种输入模式，可以通过编程进行设置。

1. 上拉

上拉是指单片机的引脚通过电阻接 VCC，这样可以把这个引脚的电平固定为高电平。此电阻称为上拉电阻。

为什么不直接接到 VCC?

如果直接接到 VCC，万一把引脚配置为输出模式，输出低电平，就相当于 VCC 和 GND 接在一起了，单片机就会烧毁！如果有一个限流电阻，那么即使配置为输出低电平，也不会烧芯片。为了降低功耗(减少耗电、发热)，这个电阻一般比较大。

2. 下拉

下拉的情况和上拉的相反，单片机的引脚通过电阻接地，是为了把引脚固定为低电平，此电阻称为下拉电阻，也是为了防止误配置导致烧掉芯片。

3. 三态

三态又称为高阻态，简单理解就是电平的高低由这根线上的外部电路决定，当外部电路为高电平时，它也是高电平；当外部电路为低电平时，它也是低电平；当外部电路为高阻态时，它就是高阻态的，状态完全和外部电路一样。

二、按键相关寄存器及其设置

1. 按键相关寄存器

按键相关的寄存器有 Px：数据端口寄存器；PxSEL：功能寄存器；PxDIR：方向寄存器；PxINP：输入模式选择寄存器。

关于端口寄存器 Px、功能寄存器 PxSEL 及方向寄存器 PxDIR 的功能及设置前面任务已经讲过，下面我们学习输入模式选择寄存器 PxINP 的功能及设置。

2. 输入模式选择寄存器 PxINP(x 表示端口号 0~2)

作为通用 I/O 时，端口的输入模式有三种：上拉、下拉和三态，输入模式选择寄存器 PxINP 用于设置 I/O 端口的输入模式是上拉、下拉还是三态。

默认情况下，复位后，输入配置为带有上拉的输入。如果要取消输入端口的上拉或下拉功能，必须将 PxINP 中的相应位设置为 1，如表 1-3-1 所示。

表 1-3-1 输入模式选择寄存器

P0INP(0x8F)-P0 端口输入模式				
位	名称	复位	读/写	描述
7:0	MDP0_[7:0]	0x00	R/W	P0_7~P0_0 输入选择位 0：上拉/下拉；1：三态
P1INP(0xF6)-P1 端口输入模式				
位	名称	复位	读/写	描述
7:2	MDP1_[7:2]	000000	R/W	P1_7~P1_2 输入选择位 0：上拉/下拉；1：三态
1:0		00	R0	没有使用

续表

P2INP(0xF7)-P2 端口输入模式				
位	名称	复位	读/写	描述
7	PDUP2	0	R/W	对所有 P2 端口设置上拉/下拉输入： 0：上拉；1：下拉
6	PDUP1	0	R/W	对所有 P1 端口设置上拉/下拉输入： 0：上拉；1：下拉
5	PDUP0	0	R/W	对所有 P0 端口设置上拉/下拉输入： 0：上拉；1：下拉
4:0	MDP2_[4:0]	0	0000	P2_4~P2_0 输入选择位 0：上拉/下拉；1：三态

注意：

1) I/O 端口引脚 P1_0 和 P1_1 不具有上拉或下拉功能。

2) 即使 I/O 端口是外设功能输入，配置为外设 I/O 信号的引脚也不具有上拉或下拉功能。

知识总结	自我评价

例题讲解

【例题 1-3-1】设置 P1_3、P1_4 输入模式为上拉。

设置方法：首先利用 P1INP 输入模式寄存器将 P1_3、P1_4 设置为上拉/下拉，再利用 P2INP 寄存器将 P1_3、P1_4 设置为上拉，则：

```
P1INP &=~ 0x18;
P2INP &=~ 0x40;
```

任务指导

1. 搭建开发环境

1)新建工作区，工作区名为：work1_3。

2)新建工程，工程名为：project1_3。

3)新建源程序文件，命名为 test1_3. c。

4)将 test1_3. c 文件添加到 project1_3 工程中。

5)按键 Ctrl+S 保存工作区。

6)配置工程选项，“Project”→“Options”→“General Options”，“Device”→“Texas Instruments”→“CC2530F256”。

7)配置 Linker，勾选“Override default”单选按钮。

8)配置 Debugger，“Debugger”→“Setup”→“Driver”→“Texas Instruments”。

2. 在编辑窗口设计程序

(1)准备工作

引入 CC2530 必要的头文件“iocc2530. h”，定义相关变量等。

```
//**********************************
#include <iocc2530.h>
#define LED1 P1_0     //P1_0端口控制 LED1发光二极管
#define SW1 P1_2      //P1_2端口与按键 SW1相连
```

(2)延时函数

```
//*************延时函数*******************
void delay(unsigned int i) //延时函数
{
  unsigned int j,k;
  for( j=0; j<i;j++)
  {
    for(k=0;k<500;k++);
  }
}
```

(3)设计端口初始化函数 Init_Port( )

设计端口初始化函数 Init_Port( )，配置端口寄存器。通用 I/O 端口寄存器配置的基本思路如图 1-3-3 所示。

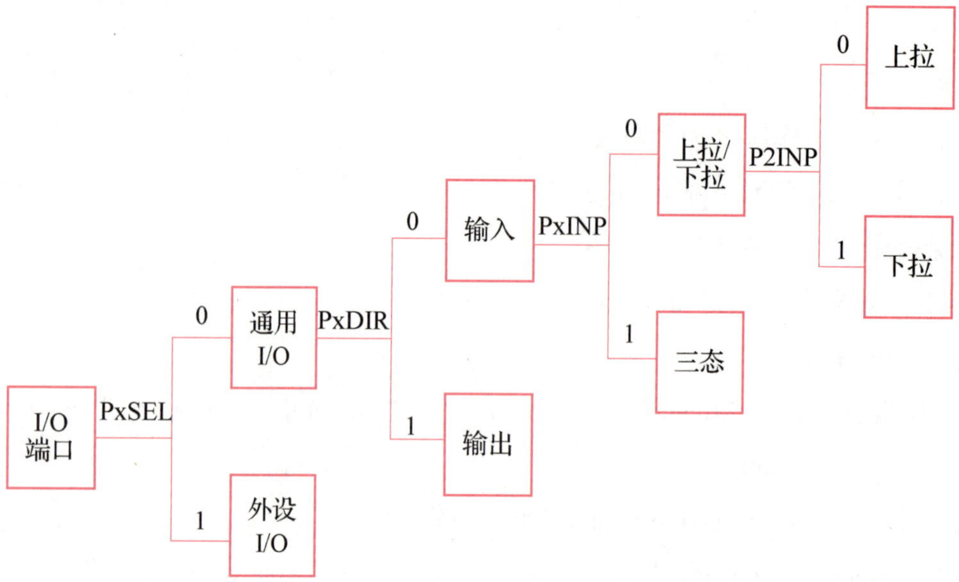

图 1-3-3　通用 I/O 端口寄存器配置的基本思路

```
//*************端口初始化函数*******************
void Init_Port()      //端口初始化函数
{
  P1SEL &=~0x05;      //设置 P1_0、P1_2端口位 GPIO
  P1DIR |=0x01;       //P1_0端口设置为输出
  P1DIR&=~0x04;       //P1_2 端口设置为输入
  P1INP&=~0x04;       //设置 P1_2端口具有上拉/下拉功能
  P2INP&=~0x40;       //设置 P1_2端口输入模式为上拉
  LED1=0;             //LED1灯灭
}
```

(4)设计按键扫描函数 ScanKeys()

1)没有按键按下时，端口的输入为高电平，当发现该端口有低电平产生时，则有可能会是按键按下，需要经过去抖动处理，如果该端口还是低电平，则确认为按键按下。

2)在进行按键处理时，先等待按键松开，再将相关的 LED 进行开关状态的取反控制。

```
//*************按键扫描函数*******************
void ScanKeys()                  //键盘扫描函数
{
  if(SW1 == 0)
  {                              //发现 SW1有低电平信号
    delay(100);                  //按键去抖动
    if(SW1 == 0)
```

```
    {                          //确实是有按键动作
      while(SW1 == 0);         //等待按键松开
      LED1 = ~LED1;            //将 LED1灯开关状态取反
    }
  }
}
```

(5)设计主函数

```
//*************主函数*******************
void main()          //主函数
{
  Init_Port();      //调用端口初始化函数
  while(1)
  {
    ScanKeys();     //调用按键扫描函数
  }
}
```

3. 编译、分析、调试程序

编译、下载程序。编译无错后，将 CC Debugger 仿真器与 ZigBee 模块相连，并分别连接到计算机，下载程序，测试程序功能。

知识总结	自我评价

实训与评价

将 ZigBee 模块与 CC Debugger 仿真器连接在一起，并分别连接到计算机，在 IAR 软件中新建工程和源文件，编译链接程序，下载调试程序，实现按键控制 ZigBee 模块上的 LED1、LED2 灯的开关功能，即按键 SW1 按下后松开，LED1、LED2 灯交替闪烁。

根据所学知识完成如下程序设计流程及职业素养评价：

<table>
<tr><th colspan="2">程序设计流程及职业素养评价</th><th>提示</th><th>分数</th><th>评价</th></tr>
<tr><td rowspan="2">1</td><td>引用头文件，定义相关变量</td><td rowspan="2">定义 LED1、LED2、SW1 的相应端口</td><td rowspan="2">10</td><td rowspan="2"></td></tr>
<tr><td></td></tr>
<tr><td rowspan="2">2</td><td>延时函数的编程</td><td rowspan="2">因为 LED1、LED2 灯交替闪烁，所以必须加以延时</td><td rowspan="2">10</td><td rowspan="2"></td></tr>
<tr><td></td></tr>
<tr><td rowspan="2">3</td><td>端口初始化函数的编程</td><td rowspan="2">设置相应端口的功能寄存器、方向寄存器及 LED 灯的初始状态</td><td rowspan="2">20</td><td rowspan="2"></td></tr>
<tr><td></td></tr>
<tr><td rowspan="2">4</td><td>主函数的编程</td><td rowspan="2">主函数的编程主要包括初始化函数的调用及功能的实现</td><td rowspan="2">30</td><td rowspan="2"></td></tr>
<tr><td></td></tr>
<tr><td>4</td><td>编译、链接程序</td><td></td><td>15</td><td></td></tr>
<tr><td>5</td><td>将 CC Debugger 仿真器的下载线连接到 ZigBee 模块电路，测试程序功能</td><td></td><td>10</td><td></td></tr>
<tr><td>6</td><td>职业素养评价：设备轻拿轻放，摆放整齐；保持环境整洁；合作探究</td><td></td><td>5</td><td></td></tr>
</table>

课后训练与提升

1. 课后训练

1) 将 P0_3、P1_2 端口设置为输入上拉模式。

2) 将 P2_1、P1_6 端口设置为输入三态模式。

3) P1_2 和 P2_0 端口为按键输入，需要设置为输入上拉模式。

2. 任务提升

将 ZigBee 模块与 CC Debugger 仿真器连接在一起，并分别连接计算机，在 IAR 软件中新建工程和源文件，编译链接程序，下载调试程序，实现按键 SW1 控制 ZigBee 模块上的 LED1、LED2 灯的开关功能，即第一次按键 SW1 按下后松开，LED1 灯亮，LED2 灯灭，第二次按键 SW1 按下后松开，LED1 灯灭，LED2 灯亮，再次按下，两个灯灭。要求写出程序设计思路，并编程实现功能。

模块二

CC2530 中断系统及外部中断应用

中断现象在生活中无处不在，如你正在看书时，电话铃声响了；老师上课时，突发事件的发生；航空航天领域，随着倒计时的进行，发射按钮的按下。对于单片机来说，中断是其正在执行程序时出现了中断请求。单片机中断是单片机系统中非常重要的一部分，在嵌入式系统设计中占据着核心地位。

知识导读

本模块内容是在理解中断的概念及特点的基础上，掌握中断系统的相关概念、外部中断的基础知识与基本技能。共有两个任务构成，分别是外部中断控制 LED 灯亮灭、双键控制 LED 灯。以 ZigBee 实训模块的按键为开发对象，学习按键作为外部中断输入端相关寄存器的配置、中断初始化及中断服务函数的设计，会应用 IAR 软件编写、编译、链接、下载调试程序，并会利用 CC Debugger 仿真器进行仿真演示。

精彩内容

任务 1　外部中断控制 LED 灯亮灭

任务 2　双键控制 LED 灯

任务 1　外部中断控制 LED 灯亮灭

外部中断控制 LED 灯亮灭 1

外部中断控制 LED 灯亮灭 2

任务描述

基于 ZigBee 实训模块做基础开发，采用中断的方式开发按键功能，每次按下 SW1 键，LED1 灯亮灭状态反转。

任务目标

素质目标：

1）在实施任务过程中，具备创新意识。

2）在小组讨论过程中，具备沟通合作能力，以及较强的集体意识和团队合作意识。

知识目标：

1）掌握 CC2530 中断处理流程。

2）掌握中断服务函数的编程思想。

3）掌握外部中断程序的设计流程。

能力目标：

会应用 IAR 软件编写、编译、链接、下载、调试程序，能够将 CC Debugger 仿真器的下载线连接到 ZigBee 实训模块与计算机，进行仿真演示。

任务分析

1. 知识分析

实现按键控制 LED，必须理解 CC2530 单片机中断处理过程，从而理解其中断服务函数的格式及含义，掌握外部中断程序设计流程。

2. 设备分析

实训任务选择 ZigBee 实训模块，如图 2-1-1 所示，能够依据实训模块电路图，明确按键、灯与 CC2530 单片机端口的关系。

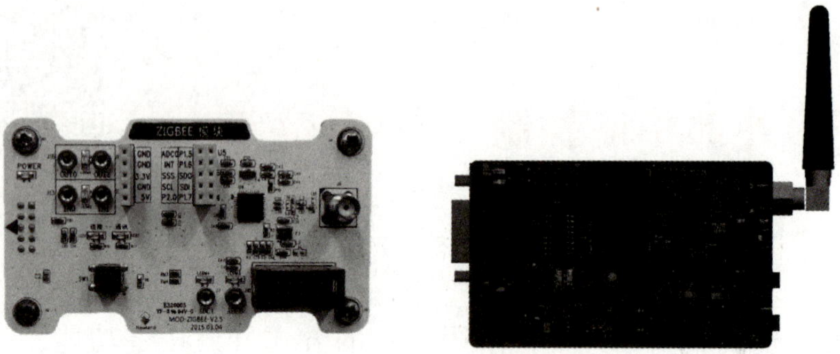

图 2-1-1　ZigBee 实训模块

3. 技能分析

实现按键控制 LED 灯亮灭，必须会运用 IAR 软件进行编程，并能够编译、链接、调试程序；会利用 CC Debugger 仿真器，将仿真器的下载线连接到 ZigBee 实训模块与计算机，进行仿真演示。

知识储备

一、中断的概念及作用

下面是现实生活中的中断(见图 2-1-2)以及单片机的中断示意图(见图 2-1-3)。

图 2-1-2　现实生活中的中断

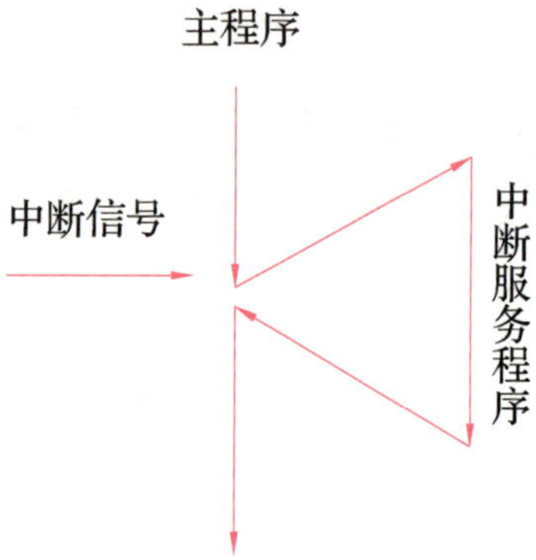

图 2-1-3　单片机的中断示意图

1. 中断的概念

中断即打断，指 CPU 在运行当前程序过程中，由于系统中出现了某种必须由 CPU 立即处理的情况，CPU 暂时中止程序的执行转而处理这个新的情况。

2. 中断的作用

中断使计算机系统具备应对突发事件的能力，提高了 CPU 的工作效率。如果没有中断系统，CPU 就只能按照程序编写的先后次序，对各个外设进行依次查询和处理，即轮询工作方式。轮询方式貌似公平，但实际工作效率却很低，且不能及时响应紧急事件。采用中断技术的优点如下：

(1)实现分时操作

速度较快的 CPU 和速度较慢的外设可以各做各的事情，外设可以在完成工作后再与 CPU 进行交互，而不需要 CPU 去等待外设完成工作，能够有效提高 CPU 的工作效率。

(2)实现实时处理

在控制过程中，CPU 能够根据当时情况及时作出反应，实现实时控制的要求。

(3)实现异常处理

系统在运行过程中往往会出现一些异常情况，中断系统能够保证 CPU 及时检测到异常情况，以便 CPU 去解决这些异常，避免整个系统出现大的问题。

知识总结	自我评价

二、中断系统的相关概念

在中断系统的工作过程中，必须理解以下概念：

1. 中断源

中断源是引起中断的原因，或是发出中断申请的来源。单片机一般具有多个中断源，如外部中断、定时/计时器中断或 ADC 中断等。

2. 中断请求

中断请求是中断源要求 CPU 提供服务的请求。例如，定时/计数器在计数完成后，会向 CPU 发出中断请求，要求 CPU 处理定时/计数器结果。中断源会使用某些特殊功能寄存器中的特殊位，来表示是否有对应的中断请求，这些特殊位叫作中断标志位。当有中断发生时，对应标志位会被置位。

3. 中断响应

中断响应是当 CPU 发现有中断请求时，中止、保存正在执行的程序，转而去执行中断处理程序的过程。

4. 断点

断点是 CPU 响应中断后，主程序被打断的位置。当 CPU 处理完中断事件后，会返回到断点位置继续执行主程序。

5. 中断过程

中断过程指的是从中断源发出中断请求开始，CPU 发现并响应这个请求，正在执行的程序被中断，转至中断服务程序，直到中断服务程序执行完毕，CPU 再返回原来的程序继续执行的过程。

6. 中断服务函数

中断服务函数是 CPU 响应中断后所执行的相应处理程序。

知识总结	自我评价

知识拓展

外部设备与中央处理器交互一般有两种方式：轮询和中断。

1. 轮询(Polling)I/O 方式

轮询是指让 CPU 以一定的周期按次序查询每一个外设，检查是否有数据输入或输出的要求，若有，则进行相应的服务；若无，或 I/O 处理完毕后，CPU 接着查询下一个外设。

2. 中断(Interrupts)方式

中断是指程序中断，指 CPU 在正常运行程序的过程中，由于预先安排或发生了随机的内部或外部事件，使 CPU 中断正在运行的程序转而去执行相应的服务程序的过程。

3. 轮询方式与中断方式的区别

1) 中断时，设备通知 CPU 有中断发生；轮询时，CPU 主动检测设备是否要提供服务。

2) 中断是一种硬件机制，轮询是一种软件机制。

3) 中断可以随时发生；轮询时，CPU 会以固定的时间间隔稳定地对设备进行检测。

三、CC2530 中断源

CC2530 单片机有 18 个中断源，如表 2-1-1 所示。

表 2-1-1 CC2530 中断源概览

中断号码	描述	中断名称	中断向量	中断使能位	中断标志位
0	RF 发送 FIFO 队列空或 RF 接收 FIFO 队列溢出	RFERR	03H	IEN0. RFERRIE	TCON. RFERRIF
1	ADC 转换结束	ADC	0BH	IEN0. ADCIE	TCON. ADCIF
2	USART0 RX 完成	URX0	13H	IEN0. URX0IE	TCON. URX0IF
3	USART1 RX 完成	URX1	1BH	IEN0. URX1IE	TCON. URX1IF
4	AES 加密/解密完成	ENC	23H	IEN0. ENCIE	S0CON. ENCIF
5	睡眠定时器比较	ST	2BH	IEN0. STIE	IRCON. STIF
6	P2 输入/USB	P2INT	33H	IEN2. P2IE	IRCON2. P2IF
7	USART0 TX 完成	UTX0	3BH	IEN2. UTX0IE	IRCON2. UTX0IF
8	DMA 传送完成	DMA	43H	IEN1. DMAIE	IRCON2. DMAIF
9	定时器 1(16 位)捕获/比较/溢出	T1	4BH	IEN1. T1IE	IRCON. T1IF
10	定时器 2 中断	T2	53H	IEN1. T2IE	IRCON. T2IF
11	定时器 3(8 位)捕获/比较/溢出	T3	5BH	IEN1. T3IE	IRCON. T3IF
12	定时器 4(8 位)捕获/比较/溢出	T4	63H	IEN1. T4IE	IRCON. T4IF
13	P0 输入	P0INT	6BH	IEN1. P0IE	IRCON. P0IF
14	USART1 TX 完成	UTX1	73H	IEN2. UTX1IE	IRCON2. UTX1IF
15	P1 输入	P1INT	7BH	IEN2. P1IE	IRCON2. P1IF
16	RF 通用中断	RF	83H	IEN2. RFIE	S1CON. RFIF
17	看门狗计时溢出	WDT	8BH	IEN2. WDTIE	IRCON2. WDTIF

中断使能位可以由“中断名称+IE”组合而成，如 IEN0. ADCIE，ADC 是中断名称。同样，中断标志位也可以由中断名称+IF 组合而成，如 TCON. ADCIF。

四、中断相关寄存器

1. 中断相关寄存器

1)中断使能寄存器：IEN0、IEN1 或 IEN2，用于设置中断源的中断。

2)外部中断寄存器。

①I/O 端口位中断寄存器：P0IEN、P1IEN、P2IEN，用于设置各端口位的中断。

②I/O 端口中断控制寄存器：PICTL，用于设置各端口的中断配置。

3) 中断标志寄存器。

中断标志寄存器：TCON。

中断标志位寄存器 2：S0CON。

中断标志位寄存器 3：S1CON。

中断标志位寄存器 4：IRCON。

中断标志位寄存器 5：S0CON2。

I/O 端口中断标志寄存器：P0IFG、P1IFG、P2IFG。

2. CC2530 中断使能寄存器的配置

每个中断源要产生中断，就必须设置 IEN0、IEN1 或 IEN2 中断使能寄存器，如表 2-1-2 所示。

表 2-1-2　中断使能相关寄存器

IEN0(0xA8)-中断使能寄存器 0				
位	名称	复位	读/写	描述
7	EA	0	R/W	总中断使能：0 禁止所有中断；1 使能所有中断
6	—	0	R0	没有使用
5	STIE	0	R/W	睡眠定时器中断使能：0 中断禁止；1 中断使能
4	ENCIE	0	R/W	AES 加密/解密中断使能：0 中断禁止；1 中断使能
3	URX1IE	0	R/W	USART1 RX 中断使能：0 中断禁止；1 中断使能
2	URX0IE	0	R/W	USART0 RX 中断使能：0 中断禁止；1 中断使能
1	ADCIE	0	R/W	ADC 中断使能：0 中断禁止；1 中断使能
0	REFRRIE	0	R/W	RF TX/RX FIFO 中断使能：0 中断禁止；1 中断使能
IEN1(0xB8)-中断使能寄存器 1				
位	名称	复位	读/写	描述
7:6	—	00	R0	没有使用
5	P0IE	0	R/W	P0 端口中断使能：0 中断禁止；1 中断使能
4	T4IE	0	R/W	定时器 4 中断使能：0 中断禁止；1 中断使能
3	T3IE	0	R/W	定时器 3 中断使能：0 中断禁止；1 中断使能
2	T2IE	0	R/W	定时器 2 中断使能：0 中断禁止；1 中断使能
1	T1IE	0	R/W	定时器 1 中断使能：0 中断禁止；1 中断使能
0	DMAIE	0	R/W	DMA 传输中断使能：0 中断禁止；1 中断使能

续表

IEN2(0x9A)-中断使能寄存器 2				
位	名称	复位	读/写	描述
7:6	-	00	R0	没有使用
5	WDTIE	0	R/W	看门狗定时器中断使能：0 中断禁止；1 中断使能
4	P1IE	0	R/W	P1 端口中断使能：0 中断禁止；1 中断使能
3	UTX1IE	0	R/W	USART1 TX 中断使能：0 中断禁止；1 中断使能
2	UTX0IE	0	R/W	USART0 TX 中断使能：0 中断禁止；1 中断使能
1	P2IE	0	R/W	P2 端口中断使能：0 中断禁止；1 中断使能
0	RFIE	0	R/W	RF 一般中断使能：0 中断禁止；1 中断使能

上述 IEN0、IEN1 和 IEN2 中断使能寄存器分别禁止或使能 CC2530 芯片的 18 个中断源响应，以及总中断 IEN0. EA 禁止或使能。

3. I/O 端口位中断寄存器

相对于 P0、P1 和 P2 端口来说，每个 GPIO 引脚都可以作为外部中断输入端口，除了使能对应端口中断外(即 IEN1. P0IE、IEN2. P1IE 和 IEN2. P2IE 为 0)，还需要使能对应端口的位中断。各端口位中断相关寄存器如表 2-1-3 所示。

表 2-1-3 各端口位中断相关寄存器

P0IEN(0xAB)-P0 端口中断屏蔽				
位	名称	复位	读/写	描述
7:0	P0_[0:7]IEN	0x00	R/W	P0_7~P0_0 的中断使能：0 中断禁止；1 中断使能
P1IEN(0x8D)-P1 端口中断屏蔽				
位	名称	复位	读/写	描述
7:0	P1_[0:7]IEN	0x00	R/W	P1_7~P1_0 的中断使能：0 中断禁止；1 中断使能
P2IEN(0xAC)-P2 端口中断屏蔽				
位	名称	复位	读/写	描述
7:6	—	00	R0	未使用
5	DPIEN	0	R/W	USB D+中断使能
4:0	P2_[4:0]IEN	0000	R/W	P2_4~P2_0 的中断使能：0 中断禁止；1 中断使能

续表

PICTL(0x8C)-I/O 端口中断控制				
位	**名称**	**复位**	**读/写**	**描述**
7	PADSC	0	R/W	I/O 引脚在输出模式下的驱动能力控制
6:4	-	000	R0	未使用
3	P2ICON	0	R/W	P2_4~P2_0 的中断配置：0 上升沿产生中断；1 下降沿产生中断
2	P1ICONH	0	R/W	P1_7~P1_4 的中断配置：0 上升沿产生中断；1 下降沿产生中断
1	P1ICONL	0	R/W	P1_3~P1_0 的中断配置：0 上升沿产生中断；1 下降沿产生中断
0	P0ICON	0	R/W	P0_7~P0_0 的中断配置：0 上升沿产生中断，1 下降沿产生中断

4. 中断标志相关寄存器

当中断发生时，只有总中断和中断源都被使能(对于外部中断，还需要使能对应的引脚位中断)，CPU 才会进入中断服务程序，进行中断处理。但是不管中断源有没有被使能，硬件都会自动把该中断源对应的中断标志设置为 1。中断标志位相关寄存器如表 2-1-4 所示。

表 2-1-4　中断标志位相关寄存器

TCON(0x88)-中断标志位寄存器				
位	**名称**	**复位**	**读/写**	**描述**
7	URX1TF	0	R/WH0	USART1 RX 中断标志位。当该中断发生时，该位被置 1；且当 CPU 指令进入中断服务程序时，该位被清零。 0：无中断未决；1：中断未决
6	—	0	R/W	未使用
5	ADCIF	0	R/WH0	ADC 中断标志位。当该中断发生时，该位被置 1；且当 CPU 指令进入中断服务程序时，该位被清零。 0：无中断未决；1：中断未决
4	—	0	R/W	未使用
3	URX0IF	0	R/WH0	USART0 RX 中断标志位。当该中断发生时，该位被置 1；且当 CPU 指令进入中断服务程序时，该位被清零。 0：无中断未决；1：中断未决

续表

位	名称	复位	读/写	描述
2	IT1	1	R/W	保留。必须一直设置为 1，设置为 0 将使能低级别中断探测
1	RFERRIF	0	R/WH0	RF TX/RX FIFO 中断标志位。当该中断发生时，该位被置 1；且当 CPU 指令进入中断服务程序时，该位被清零。 0：无中断未决；1：中断未决
0	IT0	1	R/W	保留。必须一直设置为 1，设置为 0 将使能低级别中断探测
S0CON(0x98)-中断标志位寄存器 2(Interrupt Flags 2)				
位	名称	复位	读/写	描述
7:2	—	000000	R/W	未使用
1	ENCIF_1	0	R/W	AES 中断。ENC 有 ENCIF_1 和 ENCIF_0 两个标志位，设置其中一个标志位就会请求中断服务，当 AES 协处理器请求中断时，该两个标志位被置 1。 0：无中断未决；1：中断未决
0	ENCIF_0	0	R/W	AES 中断。ENC 有 ENCIF_1 和 ENCIF_0 两个标志位，设置其中一个标志位就会请求中断服务，当 AES 协处理器请求中断时，该两个标志位被置 1。 0：无中断未决；1：中断未决
S1CON(0x9B)-中断标志位寄存器 3				
位	名称	复位	读/写	描述
7:2	—	000000	R/W	未使用
1	RFIF_1	0	R/W	RF 一般中断。RF 有 RFIF_1 和 RFIF_0 两个标志位，设置其中一个标志位就会请求中断服务，当无线设备请求中断时，该两个标志位被置 1。 0：无中断未决；1：中断未决
0	RFIF_0	0	R/W	RF 一般中断。RF 有 RFIF_1 和 RFIF_0 两个标志位，设置其中一个标志位就会请求中断服务，当无线设备请求中断时，该两个标志位被置 1。 0：无中断未决；1：中断未决

续表

IRCON(0xC0)-中断标志位寄存器 4				
位	名称	复位	读/写	描述
7	STIF	0	R/W	睡眠定时器中断标志位。0：无中断未决；1：中断未决
6	—	0	R/W	必须为 0，写入 1 总是使能中断源
5	R0IF	0	R/W	P0 端口中断标志位。0：无中断未决；1：中断未决
4	T4IF	0	R/WH0	定时器 4 中断标志位。当定时器 4 发生中断时，设置为 1 并且当 CPU 指令进入中断服务程序时，该位被清零。0：无中断未决；1：中断未决
3	T3IF	0	R/WH0	定时器 3 中断标志位。当定时器 3 发生中断时，设置为 1 并且当 CPU 指令进入中断服务程序时，该位被清零。0：无中断未决；1：中断未决
2	T2IF	0	R/WH0	定时器 2 中断标志位。当定时器 2 发生中断时，设置为 1 并且当 CPU 指令进入中断服务程序时，该位被清零。0：无中断未决；1：中断未决
1	T1IF	0	R/WH0	定时器 1 中断标志位。当定时器 1 发生中断时，设置为 1 并且当 CPU 指令进入中断服务程序时，该位被清零。0：无中断未决；1：中断未决
0	DMAIF	0	R/W	DMA 传输完成中断标志位。0：无中断未决；1：中断未决
IRCON2(0xE8)-中断标志位寄存器 5				
位	名称	复位	读/写	描述
7:5	—	000	R/W	未使用
4	WDTIF	0	R/W	看门狗定时器中断标志位。0：无中断未决；1：中断未决
3	P1IF	0	R/W	P1 端口中断标志位。0：无中断未决；1：中断未决
2	UTX1IF	0	R/W	USART1 TX 中断标志位。0：无中断未决；1：中断未决
1	UTX2IF	0	R/W	USART0 TX 中断标志位。0：无中断未决；1：中断未决
0	P2IF	0	R/W	P2 端口中断标志位。0：无中断未决；1：中断未决

续表

P0IFG(0x89)-P0 端口中断标志状态				
位	名称	复位	读/写	描述
7:0	P0IF[7:0]	0x00	R/W	P0_7～P0_0 引脚输入中断标志位，当端口有中断申请发生时，对应端口中断标志位被置 1
P1IFG(0x8A)-P1 端口中断标志状态				
位	名称	复位	读/写	描述
7:0	P1IF[7:0]	0x00	R/W	P1_7～P1_0 引脚输入中断标志位，当端口有中断申请发生时，对应端口中断标志位被置 1
P2IFG(0x8A)-P2 端口中断标志状态				
位	名称	复位	读/写	描述
7:0	P2IF[7:0]	0x00	R/W	P2_7～P2_0 引脚输入中断标志位，当端口有中断申请发生时，对应端口中断标志位被置 1

知识总结	自我评价

五、中断使能步骤

当有中断发生时，首先使能总中断及中断源，此过程称为中断初始化。CC2530 单片机的 18 个中断源中断概览图如图 2-1-4 所示。

当有中断发生时，可根据图 2-1-4 提示设置中断使能(注意：不管中断源有没有被使能，硬件都会自动把该中断源对应的中断标志位设置为 1)，中断使能的步骤如下：

1)使能总中断：设置总中断为 1，即“IEN0. EA=1;”或“IEN0 | =0x80;”。

2)使能中断源：设置 IEN0、IEN1 和 IEN2 寄存器中相应中断使能位为 1。

3)若是外部中断，需设置 P0IEN、P1IEN 或 P2IEN 中对应引脚位中断使能位为 1。

4)在 PICTL 寄存器中设置 P0、P1 或 P2 中断是上升沿触发还是下降沿触发。

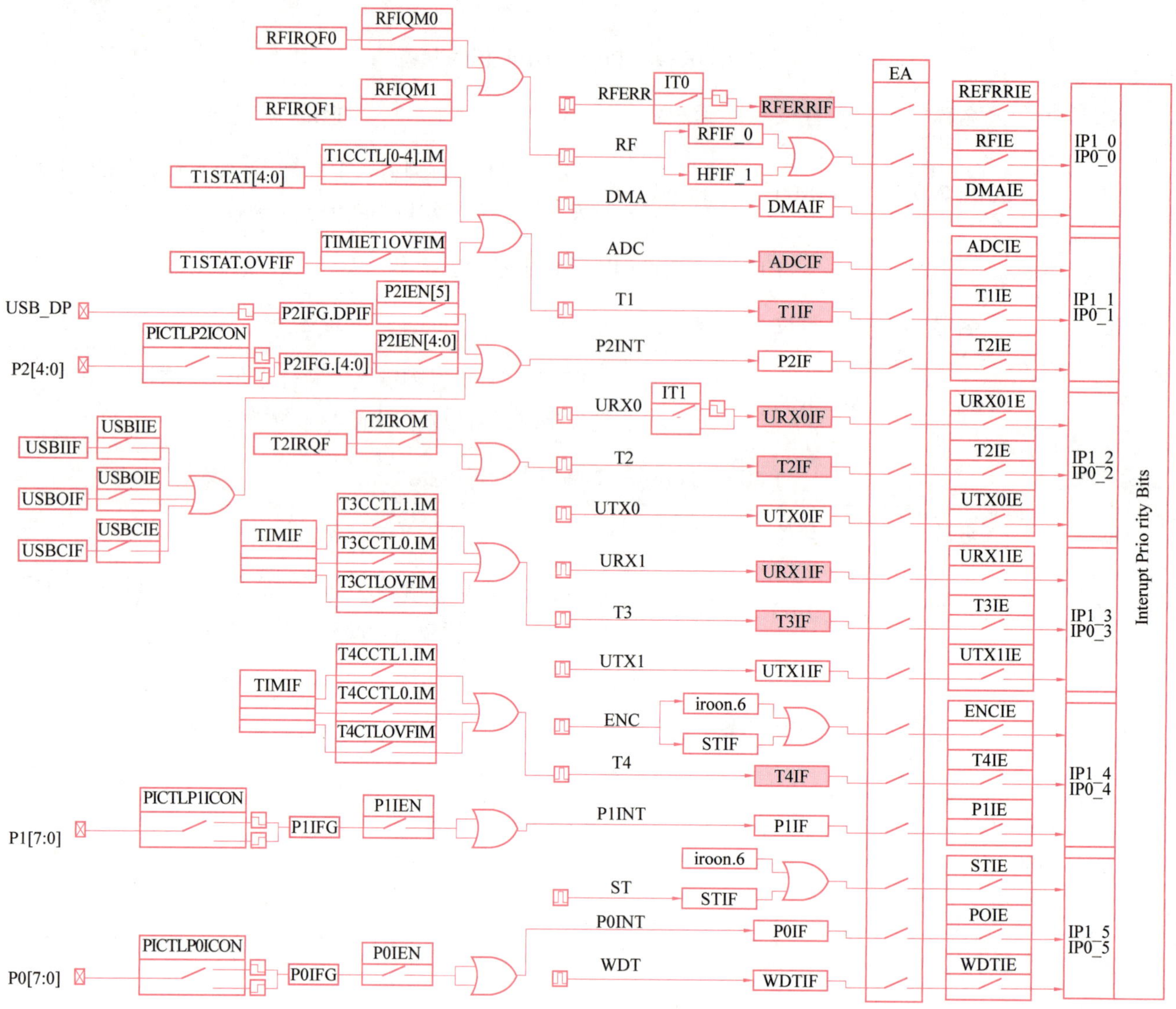

图 2-1-4　CC2530 单片机的 18 个中断源中断概览图

例题讲解

【例题 2-1-1】将 P1 端口的低 4 位配置为外部中断输入，且下降沿产生中断，分析其中断流程。

例题分析：

因为是 P1 端口低 4 位为外部中断输入，则其中断源为 P1INT，则依据中断概览图进行中断使能。

设置步骤：

1）使能总中断：IEN0|=0x80；或 EA=1；//IEN0 寄存器支持位寻址。

2）使能中断源：IEN2|=0x10；//IEN2 寄存器的第 4 位对应的是 P1 端口中断使能位。

3）使能外部中断位：P1IEN|=0x0F；//P1 端口低 4 位中断使能。

4)触发方式设置。PICTL | =0x02; //P1 端口低 4 位下降沿触发中断。

测试与评价

训练与测试	自我评价
1)分析 UTX0、URX0、T1 中断流程。 2)将 P2 端口的 P2_1、P2_3 配置为外部中断输入，且上升沿产生中断，如何初始化?	

知识总结	自我评价

六、CC2530 中断处理

在中断源使能的条件下，当中断发生时，CPU 就指向中断向量地址，进入中断服务函数。在“iocc2530. h”头文件中有中断向量的定义，如下所示：

1) #define RFERR_VECTOR VECT(0, 0x03)/ * RF TX FIFO Underflow and RX FIFO Overflow * /

2)#define ADC_VECTOR VECT(1, 0x0B)/ * ADC End of Conversion * /

3)#define URX0_VECTOR VECT(2, 0x13)/ * USART0 RX Complete * /

4)#define URX1_VECTOR VECT(3, 0x1B)/ * USART1 RX Complete * /

5)#define ENC_VECTOR VECT(4, 0x23)/ * AES Encryption

/Decryption Complete * /

6)#define ST_VECTOR VECT(5, 0x2B)/ * Sleep Timer Compare * /

……//共有 18 个中断源

七、CC2530 中断服务函数

中断服务函数与一般自定义函数不同，有特定的书写格式：

```
#pragma vector=<中断向量>
__interrupt void<函数名称>(void)
{
/*在这里编写中断处理函数的具体程序*/
}
```

说明：

1）在每一中断服务函数之前，都要加一句起始语句：

```
#pragma vector=<中断向量>
```

其中<中断向量>表示接下来要写的中断服务函数是为哪个中断源服务的。

例如，要在 P1 端口引入外部中断，可以写为：

```
#pragma vector=0x7B 或者#pragma vector=P1INT_VECTOR
```

0x7B 是中断向量的入口地址，P1INT_VECTOR 是头文件“iocc2530. h”中的宏定义。

2）__interrupt 关键字表示该函数是一个中断服务函数，<函数名称>可以自定义，函数体不能带有参数，也不能有返回值。

由于不管中断源有没有被使能，硬件都会自动把该中断源对应的中断标志位设置为 1，所以在执行中断服务函数结束后，需要把中断使能标志位清零。

知识总结	自我评价

任务指导

1. 搭建开发环境

1）新建工作区，工作区名为：work2_1。

2）新建工程，工程名为：project2_1。

3）新建源程序文件，命名为 test2_1. c。

4）将 test2_1. c 文件添加到 project2_1 工程中。

5）按键 Ctrl+S 保存工作区。

6）配置工程选项，“Project”→“Options”→“General Options”，“Device”→“Texas Instruments”→“CC2530F256”。

7）配置 Linker，勾选“Override default”单选按钮。

8）配置 Debugger，“Debugger”→“Setup”→“Driver”→“Texas Instruments”。

2. 在编辑窗口设计程序

（1）准备工作

```
//*******************************************
#include <iocc2530.h>      //引用头文件
#define LED1 P1_0          //P1_0控制 LED1
#define SW1 P1_2           //P1_2与 SW1连接
```

（2）设计端口初始化函数，配置端口寄存器

分析 ZigBee 模块上 LED1、按键 SW1 与引脚的关系，明确其对应寄存器的设置信息，如表 2-1-5～表 2-1-6 所示。

表 2-1-5　LED1 与引脚的关系及对应寄存器的设置

LED	引脚	功能与方向	P1SEL	P1DIR
LED1	P1_0	通用 I/O，输出	xxxxxxx0	xxxxxxx1

表 2-1-6　按键 SW1 与引脚的关系及对应寄存器的设置

按键	引脚	功能与方向	P1SEL	P1DIR	P1INP	P2INP
SW1	P1_2	通用 I/O，输入	xxxxx0xx	xxxxx0xx	xxxxx0xx	x0xxxxxx

根据上述分析对端口 P1_0 及 P1_2 相关寄存器进行配置，端口初始化函数如下：

```
//*************端口初始化函数*************
void initial_gpio()
{
  P1SEL&= ~0x05;      //设置 P1_0、P1_2为 GPIO
  P1DIR |= 0x01;      //设置 P1_0端口为输出
  P1DIR&= ~0x04;      //设置 P1_2端口为输入
  LED1 = 0x00;        // LED1灯灭
  P1INP&= ~0x04;      //P1_2端口为“上拉/下拉”模式
  P2INP&= ~0x40;      //所有 P1端口都设置为“上拉”
}
```

(3)设计中断初始化函数

中断初始化函数的编程根据中断使能的步骤进行编写：

开总中断→开中断源→若是外部中断→设置端口位中断→设置中断触发方式，程序如下：

```
//*************中断初始化函数**************
void initial_interrupt()
{
  EA=1;              //使能总中断
  IEN2 |= 0x10;      //使能 P1端口中断源
  P1IEN |= 0x04;     //使能 P1_2位中断
  P1CTL |= 0x02;     //P1_2中断触发方式为下降沿触发
}
```

(4)设计中断服务函数

本任务通过按键 SW1 触发中断，由 ZigBee 模块按键电路可知按键与端口 P1_2 相连，所以中断源为 P1INT，在“iocc2530. h”头文件中已定义其中断向量为 P1INT_VECTOR，其中断标志位为 P1IF 和 P1IFG。中断服务函数编程如下：

```
//*************中断服务函数**************
#pragma vector=P1INT_VECTOR
__interrupt void P1_ISR(void)
{
  if(P1IFG&0x04)        //判断 P1_2端口是否有按键按下
  {
    LED1=!LED1;
  }
  P1IF= 0x00;           //清除 P1端口中断标志位
  P1IFG &= ~0x04;       //清除 P1_2端口中断标志位
}
```

(5)设计主函数

```
//*************主函数**************
void main()
{
  initial_gpio();
  initial_interrupt();
  while(1);
}
```

3. 编写、分析、调试程序

编译、下载程序。编译无错后，将 CC Debugger 与 ZigBee 模块相连，并分别连接到计算机，下载程序，测试程序功能。

知识总结	自我评价

实训与评价

采用外部中断方式，当第一次按下 SW1 键时，LED1 灯亮；第二次按下 SW1 键时，LED2 灯亮；第三次按下 SW1 键时，LED1 和 LED2 灯全灭；再次按下 SW1 键时，LED 灯重复上述状态。

1) 根据所学知识完成如下程序设计流程及职业素养评价：

程序设计流程及职业素养评价		提示	分数	评价
1	引用头文件，定义相关变量	定义 LED1、LED2、SW1 的相应端口及按键次数	5	
2	端口初始化函数的编程	LED1、LED2、SW1 相应端口的初始化状态	15	
3	中断初始化函数的编程	依据中断使能的步骤	15	
4	中断服务函数的编程	依据中断服务函数的书写格式，完成本次任务的中断功能。注意中断完成后，一定清除中断标志位	25	

续表

程序设计流程及职业素养评价		提示	分数	评价
5	主函数		10	
6	编译、链接程序		10	
7	将 CC Debugger 仿真器连接到 ZigBee 模块，实现程序功能		10	
8	职业素养评价：党的二十大报告提出，“积极稳妥推进碳达峰、碳中和”。请问你如何理解？在学习生活中，又是如何做到的呢？		10	

2) 上机测试程序功能。

课后训练与提升

1. 选择题

1) CC2530 单片机有(　　)个中断源。

A. 5　　B. 6　　C. 18　　D. 2

2) CC2530 总中断使能位是(　　)。

A. ADCIE　　B. EA　　C. ENCIE　　D. DMAIE

3) 睡眠定时器中断使能位是(　　)。

A. STIE　　B. ENCIE　　C. EA　　D. DMAIE

4) P1 端口中断使能位是(　　)。

A. EA　　B. T1IE　　C. P1IE　　D. RFIE

5) CC2530 的中断源分为(　　)组。

A. 2　　B. 4　　C. 6　　D. 8

6) 可以设置中断优先级的寄存器是(　　)。

A. IP0　　B. IPG　　C. IRCON　　D. P1IFG

7) 根据中断轮询顺序，在同级中断优先级时，(　　)首先被响应。

A. UTX1　　B. ADC　　C. ST　　D. 2. RF

2. 编程题

ZigBee 模块上的 LED1 和 LED2，分别与 P1_0 和 P1_1 相连，SW1 与 P1_2 相连，编程实

现以下功能。

1) 第一次按下 SW1，LED1 灯点亮；

2) 第二次按下 SW1，LED1 灯熄灭，LED2 灯点亮；

3) 第三次按下 SW1，LED1、LED2 灯全部熄灭；

4) 第四次按下 SW1，LED1、LED2 灯循环点亮。

3. 任务提升

1) 备有串口的 ZigBee 模块有 4 只 LED 灯，分别与 CC2530 的 P1_0、P1_1、P1_3、P1_4 相连，采用 SW1 控制 4 只 LED 灯循环点亮和熄灭，实现相同的功能要求。

2) 采用 ZigBee 模块和 NEWLab 平台组成一个脉冲检测系统，把信号发生器的正脉冲输入到 ZigBee 模块的 JI3(P1_3)，当检测到正脉冲数量达到 100 个时，LED1 灯点亮。

4. 思考

习近平总书记在党的二十大报告中强调“必须坚持守正创新”。请问你是如何理解守正创新的？你将如何做到？

知识拓展

一、中断优先级及中断嵌套

在 CC2530 单片机中，当有多个中断源同时或先后发生时，CPU 也要根据各个中断源的轻重缓急进行响应并处理。中断系统采用中断嵌套的方式依次处理各个中断源的中断请求，如图 2-1-5 所示。

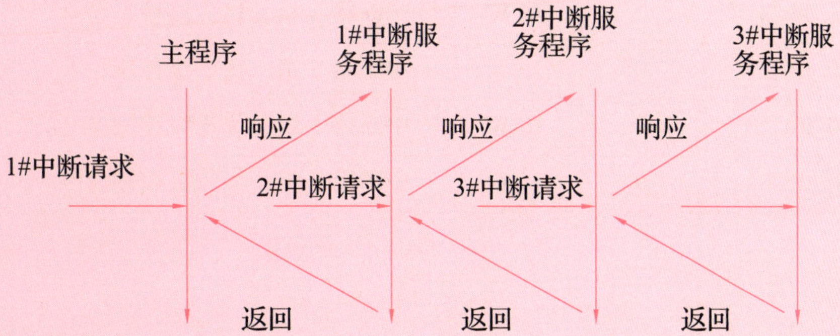

图 2-1-5　中断嵌套

在中断嵌套的过程中，CPU通过中断源的中断优先级来判断最先响应哪个中断源。规定：优先级高的中断源可以打断优先级低的中断源，形成中断嵌套；同级别中断源或低优先级的中断源不可以打断当前的中断源，要等到当前中断处理完后，才能继续响应后续中断请求。为便于管理，各个中断源的优先级别可以通过编程设定。

二、中断优先级的设置

中断控制器提供了18个中断源，分为6个中断组，每组与4个中断优先级相关，如表2-1-7所示。一旦中断服务开始，就只能被更高优先级的中断打断，不允许被较低级别或同级的中断打断。

表2-1-7 中断源分组情况

组	中断源		
中断第0组(IPG0)	RFERR	RF	DMA
中断第1组(IPG1)	ADC	T1	P2INT
中断第2组(IPG2)	URX0	T2	UTX0
中断第3组(IPG3)	URX1	T3	UTX1
中断第4组(IPG4)	ENC	T4	P1INT
中断第5组(IPG5)	ST	P0INT	WDT

每组的优先级通过设置寄存器IP0和IP1来实现，如表2-1-8和表2-1-9所示。

表2-1-8 中断优先级相关寄存器

IP0(0xA9)-中断优先级寄存器0				
位	名称	复位	读/写	描述
7:6	—	00	R/W	未使用
5	IP0_IPG5	0	R/W	中断第5组，优先级控制位0
4	IP0_IPG4	0	R/W	中断第4组，优先级控制位0
3	IP0_IPG3	0	R/W	中断第3组，优先级控制位0
2	IP0_IPG2	0	R/W	中断第2组，优先级控制位0
1	IP0_IPG1	0	R/W	中断第1组，优先级控制位0
0	IP0_IPG0	0	R/W	中断第0组，优先级控制位0

续表

IP1(0xB9)-中断优先级寄存器 1				
位	名称	复位	读/写	描述
7:6	—	00	R/W	未使用
5	IP1_IPG5	0	R/W	中断第 5 组，优先级控制位 0
4	IP1_IPG4	0	R/W	中断第 4 组，优先级控制位 0
3	IP1_IPG3	0	R/W	中断第 3 组，优先级控制位 0
2	IP1_IPG2	0	R/W	中断第 2 组，优先级控制位 0
1	IP1_IPG1	0	R/W	中断第 1 组，优先级控制位 0
0	IP1_IPG0	0	R/W	中断第 0 组，优先级控制位 0

表 2-1-9　优先级设置

IP1_IPGx(x=0~5)	IP0_IPGx(x=0~5)	优先级	
0	0	0(最低优先级)	低 ↓ 高
0	1	1	
1	0	2	
1	1	3(最高优先级)	

例题讲解

【例题 2-1-2】当 IP0=0x03，IP1=0x06 时，判断各组的中断优先级别。

解：根据已知条件，得到表 2-1-10。

表 2-1-10　例题 2-1-2 用表

IP0	0	0	0	0	0	0	1	1
IP1	0	0	0	0	0	1	1	0
中断组	—	—	中断第 5 组	中断第 4 组	中断第 3 组	中断第 2 组	中断第 1 组	中断第 0 组
优先级	—	—	0	0	0	1	3	2

可见，第 1 组的中断优先级为最高，是 3 级；第 0 组的中断优先级是 2 级；第 2 组的中断优先级是 1 级；其他组的中断优先级是 0 级。

注意：当同时收到几个相同优先级的中断请求时，采取轮询方式来判定哪个中断优先响应，中断轮询顺序如表 2-1-11 所示。

表 2-1-11　中断轮询顺序

优先组别	中断向量编号	中断名称	轮询顺序
中断第 0 组(IPG0)	0	RFERR	
	16	RF	
	8	DMA	
中断第 1 组(IPG1)	1	ADC	
	9	T1	
	6	P2INT	
中断第 2 组(IPG2)	2	URX0	
	10	T2	
	7	UTX0	
中断第 3 组(IPG2)	3	URX1	
	11	T3	
	14	UTX1	
中断第 4 组(IPG2)	4	ENC	
	12	T4	
	15	P1INT	
中断第 5 组(IPG2)	5	ST	
	13	P0INT	
	17	WDT	

【例题 2-1-3】P2 端口输入最高优先级(3 级)，串口 1 接收中断优先级为 2 级，其他优先级都是 0 级，如何初始化？

解：P2 端口(P2INT)在第 1 组，串口 1 接收中断(URX1)在第 3 组，如表 2-1-12 所示。

表 2-1-12　例题 2-1-3 用表

IP0	0	0	0	0	1	0	1	0
IP1	0	0	0	0	0	0	1	0
中断组	—	—	中断第 5 组	中断第 4 组	中断第 3 组	中断第 2 组	中断第 1 组	中断第 0 组
优先级	—	—	0	0	2	0	3	0

因此：IP1 = 0x02，IP0 = 0x0A。

测试与评价

训练与测试	自我评价
1) 当 IP0 = 0x05，IP1 = 0x14 时，判断各组的中断优先级别。 2) P1 端口输入最高优先级(3 级)，串口 0 发送中断优先级为 2 级，其他优先级都是 0 级，如何初始化？ 3) 生活应用：日常生活中经常会看到关于中断的现象，比如学习时电话铃声响了，教师上课时突发事件的发生，等等。对于生活中的中断现象，同学们只有学会处理中断，判断中断的优先级，才能优质高效地做好学习、生活中的工作。请举例说明生活中常见的中断现象，并说出你是如何处理中断的。	

任务 2　双键控制 LED 灯

双键控制 LED 灯

任务描述

基于 ZigBee 模块做基础开发，采用中断的方式开发按键功能，当按下 SW1 键时，LED1 灯亮，LED2 灯灭；按下 SW2 键时，LED1 灯灭，LED2 灯亮。

任务目标

素质目标：

1) 具备绿色生产、环境保护、安全防护、质量管理等相关知识与技能。

2) 在任务实施过程中具备创新能力。

知识目标：

1) 掌握按键 SW2 的电路状态及相关寄存器的设置。

2) 理解按键 SW2 中断初始化函数的设计流程。

3) 掌握按键 SW2 中断服务函数的设计思想。

能力目标：

1) 会分析按键 SW2 的电路，并会设置相关寄存器。

2) 会设计编写按键 SW2 的中断初始化函数及中断服务函数。

任务分析

1. 知识分析

实现双键控制 LED 灯，必须熟悉每个按键及 LED 端口相关寄存器，并会设置相关端口寄存器。

2. 设备分析

实训任务选择 ZigBee 实训模块，如图 2-2-1 所示，会识读此实训模块电路图，明确此模块上 SW1、SW2、LED1 灯电路及其与 CC2530 单片机端口的关系，理解按键电路的工作原理。

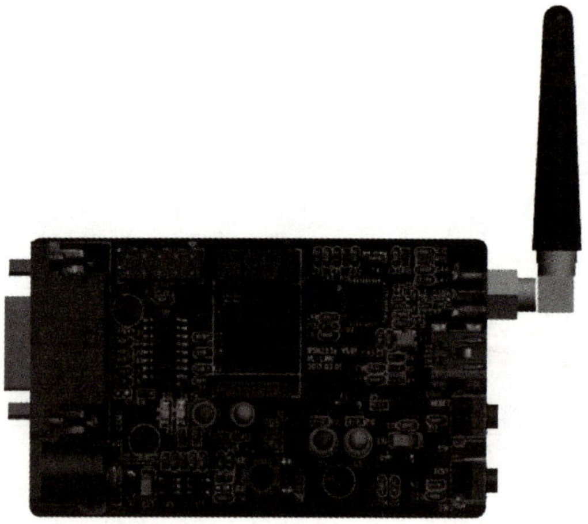

图 2-2-1　ZigBee 实训模块

3. 技能分析

要实现双键控制 LED 灯，必须会运用 IAR 软件进行编程，并能够编译、链接、调试程序；会利用 CC Debugger 仿真器，将仿真器的下载线连接到 ZigBee 实训模块与计算机，进行仿真演示。

知识储备

一、SW2 的电路状态及相关寄存器的设置

1. 按键 SW1 和 SW2 电路

识读实训模块电路图，明确 ZigBee 模块两个按键的电路及其与 CC2530 的端口关系，如图 2-2-2 所示。

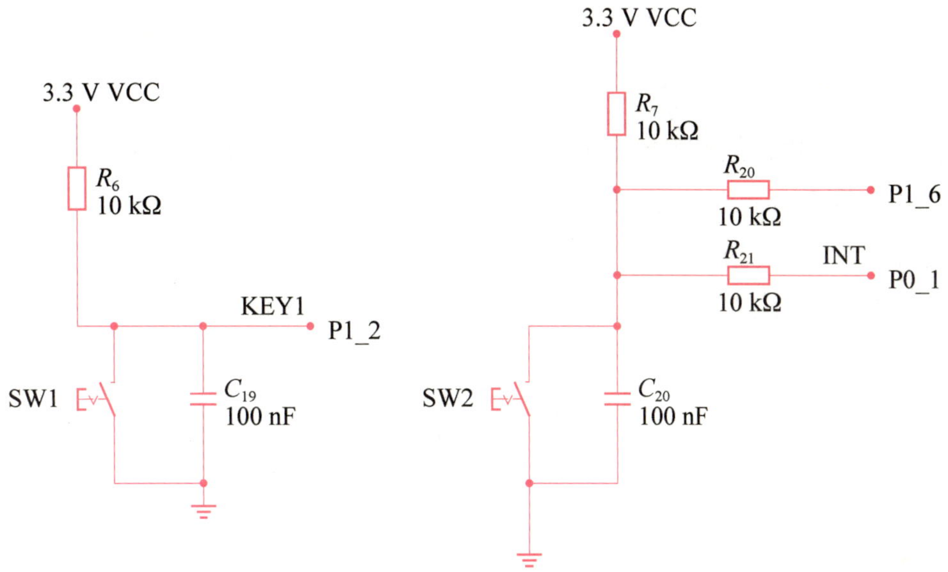

图 2-2-2　按键 SW1 和 SW2 电路

在模块一任务 3 中，我们已经分析了按键 SW1 的电路状态，下面分析按键 SW2 的电路状态。

2. 电路分析

1) 初始状态，按键 SW2 未按下，端口 P1_6、INT(P0_1) 通过电阻 R_7(上拉电阻) 与电源相连，端口 P1_6、INT(P0_1) 端口为高电平，端口 P1_6、INT(P0_1) 的输入模式为上拉模式。

2) 当按键按下时，端口 P1_6、INT(P0_1) 端口直接与地相连，端口 P1_6、INT(P0_1) 端口为低电平。

所以当端口 P1_6、INT(P0_1) 由 1 变 0 时(下降沿触发)，表示按键按下，产生中断请求。

3. 与按键 SW2 端口相关寄存器及其设置

1) 端口寄存器：P1、P0。

2) 功能寄存器：P1SEL、P0SEL。

3) 方向寄存器：P1DIR、P0DIR。

4) 配置寄存器：P1INP、P0INP、P2INP。

以上寄存器的设置及功能描述，前面已经学过，不再赘述。

知识总结	自我评价

二、SW2 中断初始化函数的设计流程

按键 SW2 的中断初始化函数与按键 SW1 的中断初始化函数设计流程一样。

1) 开总中断，设置总中断为 1，即“EA=1;”或“IEN0 | =0x80;”。

2) 开中断源，P1INT 或 P0INT，“IEN2 | =0x10;”或“IEN1 | =0x20;”。

3) 设置 P1IEN 或 P0IEN 的 P1_6 或 P0_1 位中断使能位为 1，“P1IEN | =0x40;”或“P0IEN | =0x02;”。

4) 在 PICTL 寄存器中设置 P1 或 P0 为下降沿触发，“PICTL | =0x04;”或“PICTL | =0x01;”。

三、SW2 中断服务函数的设计流程

按键 SW2 的端口中断位有两个，即 P1_6 和 P0_1，其中断服务函数与按键 SW1 的中断服务函数设计流程一样。其基本格式如下：

```
#pragma vector=<中断向量>
__interrupt void<函数名称>(void)
{
  /*在这里编写中断处理函数的具体程序*/
}
```

1) 如果使用 P1_6 作为按键 SW2 外部中断位，则：

```
#pragma vector=P1INT_VECTOR
__interrupt void P1_ISR(void)
{
  if(P1IFG&0x40)     //判断 P1_6端口是否产生中断
  {
    ……
  }
  P1IF=0x00;
  P1IFG&=~0x40;
}
```

2) 如果使用 P0_1 作为按键 SW2 外部中断位，则：

```
#pragma vector=P0INT_VECTOR
__interrupt void P0_ISR(void)
{
  if(P0IFG&0x02)     //判断 P0_1端口是否产生中断
  {
```

```
    ......
  }
  P0IF=0x00;
  P0IFG&=~0x02;
}
```

知识总结	自我评价

任务指导

1. 搭建开发环境

1) 新建工作区，工作区名为：work2_2。

2) 新建工程，工程名为：project2_2。

3) 新建源程序文件，命名为 test2_2. c。

4) 将 test2_2. c 文件添加到 project2_2 工程中。

5) 按键 Ctrl+S 保存工作区。

6) 配置工程选项，“Project”→“Options”→“General Options”，“Device”→“Texas Instruments”→“CC2530F256”。

7) 配置 Linker，勾选“Override default”单选按钮。

8) 配置 Debugger，“Debugger”→“Setup”→“Driver”→“Texas Instruments”。

2. 在编辑窗口设计程序

(1) 准备工作

引入 CC2530 必要的头文件“iocc2530. h”，定义相关变量等。

注意：本实训任务选择中断位 P0_1。

```
//****************************
#include<iocc2530.h>
#define LED1 P1_0
#define LED2 P1_1
#define SW1 P1_2
#define SW2 P0_1
```

(2)设计端口初始化函数

```
//*************端口初始化函数*************
void init_port()
{
  P1SEL &=~0x07;      //设置端口 P1_0、P1_1、P1_2为 GPIO
  P0SEL &=~0x02;      //设置端口 P0_1为 GPIO
  P1DIR |=0x03;       //设置端口 P1_0、P1_1方向为输出
  P1DIR &=~0x04;      //设置端口 P1_2方向为输入
  P1INP &=~0x04;      //配置 P1_2输入模式为上拉/下拉
  P0DIR &=~0x02;      //设置 P0_1方向为输入
  P0INP &=~0x02;      //配置 P0_1输入模式为上拉/下拉
  P2INP &=~0x60;      //配置 P1_2、P0_1输入模式为上拉模式
  LED1=0;
  LED2=0;
}
```

(3)设计中断初始化函数

```
//*************中断初始化函数*************
void init_interrupt()
{
  EA=1;              //开总中断
  IEN2 |=0x10;       //开中断源 P1INT
  IEN1 |=0x20;       //开中断源 P0INT
  P1IEN |=0x04;      //使能端口中断位 P1_2
  P0IEN |=0x02;      //使能端口中断位 P0_1
  PICTL |=0x03;      //设置 P1_2、P0_1触发方式
}
```

(4)设计中断服务函数

由于端口中断位对应不同的中断源，所以根据不同的端口中断位设计不同的中断服务函数。

```
//*************中断服务函数*************
#pragma vector=P1INT_VECTOR
__interrupt void P1_ISR(void)
{
  if(P1IFG&0x04)     //判断 P1_2端口是否产生中断
  {
    LED1=1;
    LED2=0;
  }
```

```
  P1IF=0x00;
  P1IFG &=~0x04;
}
#pragma vector=P0INT_VECTOR
__interrupt void P0_ISR(void)
{
  if(P0IFG&0x02)     //判断 P0_1是否产生中断
  {
    LED1=0;
    LED2=1;
  }
  P0IF=0x00;
  P0IFG &=~0x02;
}
```

(5)设计主函数

```
//*************主函数**************
void main(void)
{
  init_port();
  init_interrupt();
  while(1);
}
```

3. 编译、下载程序

编译无错后，测试程序功能。

知识总结	自我评价

实训与评价

采用外部中断方式，当按下 SW1 键时，LED1 与 LED2 灯交替闪烁，当按下 SW2 键时，两个灯熄灭。(以 P1_2 和 P0_1 作为外部端口中断位)

1) 根据所学知识完成如下程序设计流程及职业素养评价：

程序设计流程及职业素养评价		提示	分数	评价
1	引用头文件，定义相关变量	定义 LED1、LED2、SW1、SW2 的相应端口及按键次数	5	
2	端口初始化函数的编程	LED1、LED2、SW1、SW2 相应端口的初始化状态	10	
3	中断初始化函数的编程	依据中断使能的步骤	15	
4	中断服务函数的编程	依据中断服务函数的书写格式，完成本次任务的中断功能。注意中断完成后，一定清除中断标志位	30	
5	主函数		10	

续表

程序设计流程及职业素养评价		提示	分数	评价
6	编译、链接程序		10	
7	将 CC Debugger 仿真器连接到 ZigBee 模块，实现程序功能		10	
8	职业素养评价：团队精神的基础是挥洒个性；团队精神的核心是协同合作；团队精神的最高境界是团结一致；团队精神的外在形式是奉献精神。在任务的实施过程中，你是如何发挥团队精神的呢		10	

2)上机测试程序功能。

课后训练与提升

1. 课后训练

1)如果以 P1_2 和 P1_6 作为外部端口中断位，如何实现双键控制 LED 灯的亮灭?

2)如果以 P1_2 和 P1_6 作为外部端口中断位，如何实现当按下 SW1 键时，LED1 与 LED2 灯交替闪烁，当按下 SW2 键时，两个灯熄灭。

2. 任务提升

请基于 ZigBee 模块(黑板)做基础开发，按下 SW1 后，LED3 灯每 500 ms 闪烁一次，此时 LED1、LED2、LED4 灯灭，当 SW2 按下后 LED1、LED2、LED4 灯进行跑马灯显示，时间间隔为 500 ms，LED3 灯熄灭。

模块三

CC2530 单片机的定时/计数器原理与应用

生活中，我们经常会利用定时/计数功能来提醒要做的事项，如上下课铃声，起床铃声，十字路口信号灯的倒计时，等等。我们学习的单片机也具有定时/计数功能，其内部结构包含定时/计数器，它是一种能够对内部时钟信号或外部输入信号进行计数，当计数值达到设定要求时，向 CPU 提出中断处理请求，从而实现定时/计数功能的外设。

知识导读

本模块主要内容是学习 CC2530 单片机定时/计数器的应用。共由三个任务构成，分别是定时器 1 自由运行模式下控制 LED 灯闪烁、定时器 1 模模式下控制 LED 灯闪烁、定时器 1 正计数/倒计数模式控制 LED 闪烁。以 ZigBee 实训模块上 CC2530 单片机为开发对象，学习 CC2530 单片机定时/计数器的相关基础知识，相关寄存器及其设置，会应用 IAR 软件编写、编译、链接、下载、调试程序，并会利用 CC Debugger 进行演示仿真。

精彩内容

任务 1　定时器 1 自由运行模式下控制 LED 灯闪烁
任务 2　定时器 1 模模式下控制 LED 灯闪烁
任务 3　定时器 1 正计数/倒计数模式控制 LED 灯闪烁

任务 1　定时器 1 自由运行模式下控制 LED 灯闪烁

任务描述

基于 ZigBee 模块做基础开发，利用定时功能实现每隔 1 s LED1 灯闪烁 1 次。定时时间要求使用定时器 1，32 MHz 时钟频率，工作模式为自由运行模式，8 分频。

定时器 1 自由运行模式下控制 LED 灯闪烁

任务目标

素质目标：

1）具备严谨的学风，形成扎实、优化的知识结构和技能结构。

2）具备知识应用能力，将知识延伸至企业、行业应用中。

知识目标：

1）掌握定时/计数器的功能。

2）理解定时/计数器及自由运行模式的工作原理。

3）掌握自由运行模式下相关寄存器的设置。

4）掌握自由运行模式下 T1 初始化函数的设计方法。

5）掌握自由运行模式下 T1 中断服务函数的设计方法。

能力目标：

1）会分析自由运行模式的工作原理。

2）会设置自由运行模式下相关寄存器。

3）会对自由运行模式下 T1 定时器进行初始化。

4）能够依据任务要求设计自由运行模式下定时/计数功能相关函数，将 CC Debugger 仿真器连接至计算机和实训设备，进行仿真演示。

任务分析

1. 知识分析

实现自由运行模式下定时器 1 控制 LED 灯闪烁，理解定时/计数器及自由运行模式的工作原理，熟知自由运行工作模式下与 T1 定时器相关寄存器的设置。

2. 设备分析

定时/计数器是 CC2530 单片机内部主要结构之一，实训任务选择 ZigBee 实训模块，如

图 3-1-1 所示，会识读此实训模块电路图，理解此模块定时/计数器工作原理。

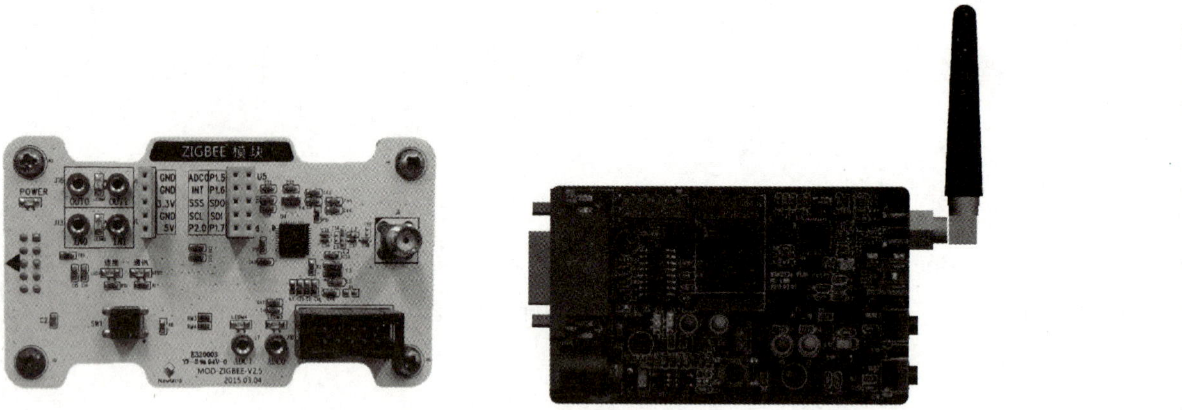

图 3-1-1　ZigBee 实训模块

3. 技能分析

实现定时器 1 自由运行模式下控制 LED 灯闪烁，必须清晰溢出次数的计算方法，熟练运用 IAR 软件进行自由运行模式下定时/计数功能相关函数的编程，并能编译、链接、调试程序，会利用 CC Debugger 仿真器，将仿真器的下载线连接到 ZigBee 实训模块与计算机，进行仿真演示。

知识储备

定时器 1 中断理论 1

一、单片机的定时/计数器

1. 定时/计数器的概念

定时/计数器是一种能够对时钟信号或外部输入信号进行计数，当计数值达到设定要求时便向 CPU 提出处理请求，从而实现定时或计数功能的外设。在单片机中，一般使用 Timer 表示定时/计数器。

2. 定时/计数器的作用

定时/计数器的基本功能是实现定时和计数，且在整个工作过程中不需要 CPU 进行过多参与，它的出现将 CPU 从相关任务中解放出来，提高了 CPU 的使用效率。例如，实现 LED 灯闪烁时采用的软件延时方法，在延时过程中 CPU 通过执行循环指令来消耗时间，在整个延时过程中会一直占用 CPU，降低了 CPU 的工作效率。若使用定时/计数器来实现延时，则在延时过程中 CPU 可以去执行其他工作任务。

CPU 与定时/计数器之间的交互关系可以用图 3-1-2 表示。

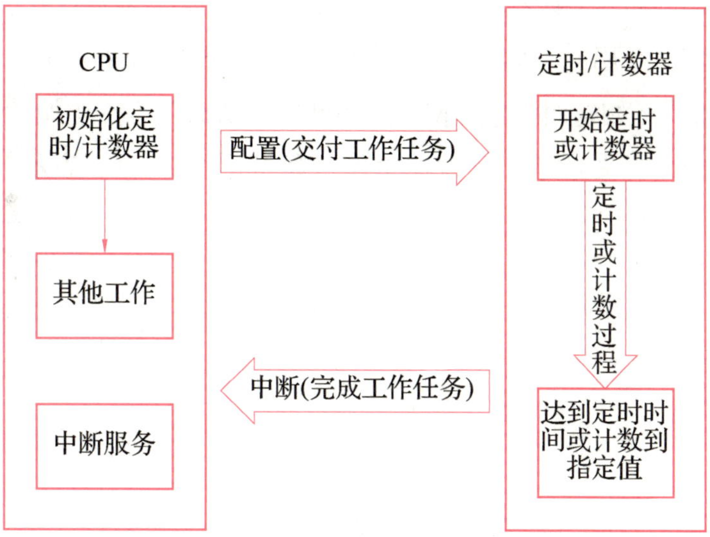

图 3-1-2　CPU 与定时/计数器之间的交互关系

单片机中的定时/计数器一般具有以下功能：

(1)定时器功能

对规定时间间隔的输入信号的个数进行计数，当计数值达到指定值时，说明定时时间已到。这是定时/计数器的常用功能，可用来实现延时或定时控制，其输入信号一般使用单片机内部的时钟信号。

(2)计数器功能

对任意时间间隔的输入信号的个数进行计数。一般用来对外界事件进行计数，其输入信号一般来自单片机外部开关型传感器，可用于生产线产品计数、信号数量统计和转速测量等方面。

(3)捕获功能

对规定时间间隔的输入信号的个数进行计数，当外界输入有效信号时，捕获计数器的计数值。通常用来测量外界输入脉冲的脉宽或频率，需要在外界输入信号的上升沿和下降沿进行两次捕获，通过计算两次捕获值的差值可以计算出脉冲或周期等信息。

(4)比较功能

当计数值与需要进行比较的值相等时，向 CPU 提出中断请求或改变 I/O 端口输出电平等操作。一般用于控制信号输出。

(5)PWM 输出功能

对规定时间间隔的输入信号的个数进行计数，根据设定的周期和占空比从 I/O 端口输出控制信号。一般用来控制 LED 灯亮度或电动机转速。

3. 定时/计数器的基本工作原理

定时/计数器的基本工作原理是进行计数。定时/计数器的核心是一个计数器，可以进行加 1(或减 1)计数，每出现一个计数信号，计数器就自动加 1(或减 1)，当计数值从最大值变成 0(或从 0 变成最大值)溢出时，定时/计数器便向 CPU 提出中断请求。计数信号的来源可选择周期性的内部时钟信号(如定时功能)或非周期性的外界输入信号(如计数功能)。

一个典型单片机的内部 8 位减 1 计数器工作过程可用图 3-1-3 表示。

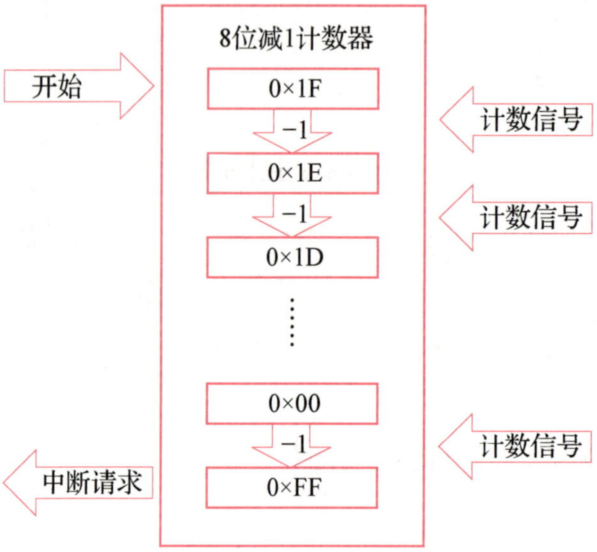

图 3-1-3　8 位减 1 计数器工作过程

知识拓展

在单片机控制过程中，延时程序使用频率很高，如单个发光二极管闪烁控制，点亮 LED 后，采用让 CPU 多次执行一条循环指令的方法实现亮度延时。此方法称作软件延时。

单片机内部设有定时/计数器，单片机型号不同，数量也不同。定时/计数器能够利用片内的振荡信号，自动加 1 或减 1，达到计数或者定时的目的，实现固定时间的延时。在编写控制程序时，可以充分利用定时/计数器实现硬件延时。利用定时/计数器的优点是准确度高，不占用 CPU 的资源。

知识总结	自我评价

二、CC2530 单片机的定时/计数器

CC2530 单片机中包含了 5 个定时/计数器，分别是定时器 1、定时器 2、定时器 3、定时器 4 和睡眠定时器。

1. 定时器 1

定时器 1 是一个 16 位定时器，主要具有以下功能：

1) 支持输入捕获功能，可选择上升沿、下降沿或任何边沿进行输入捕获。

2) 支持输出比较功能，输出可选择设置、清除或切换。

3) 支持 PWM 功能。

4) 具有 5 个独立的捕获/比较通道，每个通道使用一个 I/O 引脚。

5) 具有自由运行、模和正计数/倒计数三种不同工作模式。

6) 具有可被 1、8、32 或 128 整除的时钟分频器，为计数器提供计数信号。

7) 能在每个捕获/比较和最终计数上产生中断请求。

8) 能触发 DMA 功能。

定时器 1 是 CC2530 中功能最全的一个定时/计数器，是在应用中被优先选用的对象。

2. 定时器 2

定时器 2 主要用于为 802.13.4 CSMA-CA 算法提供定时，以及为 802.15.4 MAC 层提供一般的计时功能，也叫做 MAC 定时器，用户一般情况下不使用该定时器，在此不再对其进行详细介绍。

3. 定时器 3

定时器 3 和定时器 4 都是 8 位的定时器，主要功能如下：

1) 支持输入捕获功能，可选择上升沿、下降沿或任何边沿进行输入捕获。

2) 支持输出比较功能，输出可选择设置、清除或切换。

3) 具有两个独立的捕获/比较通道，每个通道使用一个 I/O 引脚。

4) 具有自由运行、倒计数、模和正计数/倒计数四种不同工作模式。

5) 具有可被 1、2、4、8、16、32、64 或 128 整除的时钟分频器，为计数器提供计数信号。

6) 能在每个捕获/比较和最终计数上产生中断请求。

7) 能触发 DMA 功能。

定时器 3 和定时器 4 通过输出比较功能也可以实现简单的 PWM 控制。

4. 睡眠定时器

睡眠定时器是一个 24 位正计数定时器，运行在 32 kHz 的时钟频率下，支持捕获/比较功能，能产生中断请求和 DMA 触发。睡眠定时器主要用于设置系统进入和退出低功耗睡眠模式之间的周期，还用于低功耗睡眠模式时维持定时器 2 的定时。

知识总结	自我评价

三、自由运行模式的工作原理

定时器 1 中断理论 2

CC2530 的定时器 1、定时器 3 和定时器 4 虽然使用的计数器计数位数不同，但它们都具备“自由运行”“模”“正计数/倒计数”三种不同的工作模式。定时器 3 和定时器 4 还具有单独的“倒计数”模式。本书以定时器 1 为例，讲授三种模式的工作原理及应用。

自由运行模式可以用于产生独立的时间间隔，输出信号频率。

自由运行模式下，计数器从 0x0000 开始计数，定时器 T1 每个分频后的时钟边沿增加 1，即每$\frac{分频数}{32\times10^{6}}$s（单片机时钟频率是 32 MHz）增加 1，当 T1 计数器计数到 0xFFFF（转换为十进制为 65 535）时溢出，计数器载入 0x0000，继续递增，如图 3-1-4 所示。当计数达到最终计数最大值 0xFFFF 时，IRCON. T1IF 和 T1STAT. OVFIF 两个标志位被置 1，若设置相应的中断使能位 T1MIF. OVFIM 和 IEN1. T1IE，将产生中断请求。由 0x0000 计数至 0xFFFF 所用时间即溢出周期，自由运行模式下溢出周期的计算公式如下：

$$溢出周期=\frac{分频数}{32\times10^{6}}\times65\ 536$$

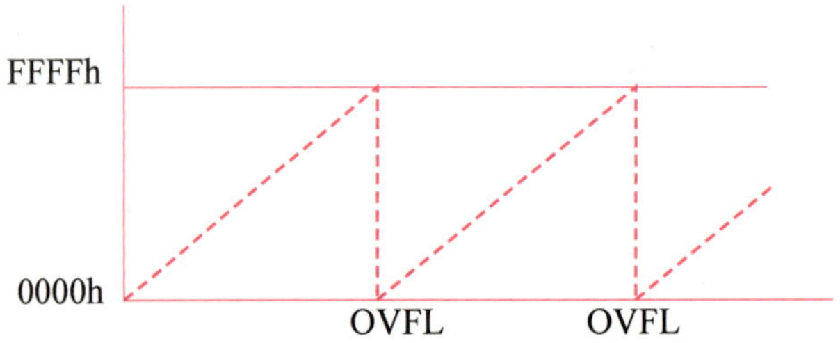

图 3-1-4　自由运行模式

知识总结	自我评价

四、自由运行模式下与 T1 定时器相关寄存器

由自由运行模式的工作原理可知，判断是否产生溢出，需要判断计数值是否达到 0xFFFF。所以自由运行模式下与 T1 相关寄存器有：

T1CNT：16 位计数器。通过两个 8 位的 SFR 读取 16 位的计数器值：T1CNTH 和 T1CNTL，分别包含在高位字节和低位字节中。

T1STAT：定时器 1 状态寄存器。

T1CTL：定时器 1 控制寄存器。当达到最终计数值(溢出)时，计数器产生一个中断请求。可用 T1CTL 控制寄存器设置启动并停止该计数器。当一个不是 00 的值写入到 T1CTL. MODE 时，计数器开始运行。如果 00 写入到 T1CTL. MODE，计数器停止在它现在的值上。一般来说，控制寄存器 T1CTL 用于控制定时器操作，状态寄存器 T1STAT 保存中断标志。

TIMIF：定时器 1/3/4 中断屏蔽/标志。

定时器 1 定时相关寄存器如表 3-1-1 所示。

表 3-1-1　定时器 1 定时相关寄存器

T1CNTH(0xE3)——定时器 1 计数高位				
位	名称	复位	读/写	描述
7:0	CNT1(15:8)	0x00	R	定时器 1 计数器高 8 位字节。包含在读取 T1CNTL 时，16 位定时器的高字节被缓存
T1CNTL(0xE2)——定时器 1 计数低位				
位	名称	复位	读/写	描述
7:0	CNT1(15:8)	0x00	R	定时器 1 计数器低 8 位字节。往该寄存器中写入任何值，导致计数器被清除为 0x0000，初始化所有通道的输出引脚

续表

T1CTL(0xE4)——定时器 1 控制				
位	名称	复位	读/写	描述
7:4	-	0000	R0	保留
3:2	DIV[1:0]	00	R/W	分频器划分值。活动时钟边缘更新计数器，如下： 00：标记频率/1　01：标记频率/8 10：标记频率/32　11：标记频率/128
1:0	MODE[1:0]	00	R/W	定时器 1 模式选择。定时器操作模式通过下列方式选择： 00：暂停运行 01：自由运行，从 0x0000 到 0xFFFF 反复计数 10：模，从 0x0000 到 T1CC0 反复计数 11：正计数/倒计数，从 0x0000 到 T1CC0 计数并且从 T1CC0 倒计数到 0x0000
T1STAT(0xAF)——定时器 1 状态				
位	名称	复位	读/写	描述
7:6	—	00	R0	保留
5	OVFIF	0	R/W0	定时器 1 溢出中断标志位。当计数器在自由运行或模模式下达到最终计数值时，或者在正计数/倒计数模式下达到零时，该位被设置为 1。该位写 1 没有影响
4	CH4IF	0	R/W0	定时器 1 通道 4 中断标志位。当通道 4 中断发生时，该位设置为 1。该位写 1 没有影响
3	CH3IF	0	R/W0	定时器 1 通道 3 中断标志位。当通道 3 中断发生时，该位设置为 1。该位写 1 没有影响
2	CH3IF	0	R/W0	定时器 1 通道 2 中断标志位。当通道 2 中断发生时，该位设置为 1。该位写 1 没有影响
1	CH3IF	0	R/W0	定时器 1 通道 1 中断标志位。当通道 1 中断发生时，该位设置为 1。该位写 1 没有影响
0	CH3IF	0	R/W0	定时器 1 通道 0 中断标志位。当通道 0 中断发生时，该位设置为 1。该位写 1 没有影响

续表

T1MIF(0xD8)——定时器 1/3/4 中断屏蔽标志位				
位	名称	复位	读/写	描述
7	—	0	R0	没有使用
6	OVFIM	0	R/W	定时器 1 溢出中断使能(注：复位后，处于使能状态) 0 中断禁止；1 中断使能
5	T4CH1IF	0	R/W0	定时器 4 通道 1 中断标志 0 没有中断等待；1 中断正在等待
4	T4CH0IF	0	R/W0	定时器 4 通道 0 中断标志 0 没有中断等待；1 中断正在等待
3	T4OVFIF	0	R/W0	定时器 4 溢出中断标志 0 没有中断等待；1 中断正在等待
2	T3CH1IF	0	R/W0	定时器 3 通道 1 中断标志 0 没有中断等待；1 中断正在等待
1	T3CH0IF	0	R/W0	定时器 3 通道 0 中断标志 0 没有中断等待；1 中断正在等待
0	T3OVFIF	0	R/W0	定时器 3 溢出中断标志 0 没有中断等待；1 中断正在等待

任务指导

1. 搭建开发环境

1)新建工作区，工作区名为：work3_1。

2)新建工程，工程名为：project3_1。

3)新建源程序文件，命名为 test3_1. c。

4)将 testwork3_1. c 文件添加到 project3_1 工程中。

5)按键 Ctrl+S 保存工作区。

6)配置工程选项，“Project”→“Options”→“General Options”，“Device”→“Texas Instruments”→“CC2530F256”。

7)配置 Linker，勾选“Override default”单选按钮。

8)配置 Debugger，“Debugger”→“Setup”→“Driver”→“Texas Instruments”。

2. 在编辑窗口设计程序

(1)准备工作

引入 CC2530 必要的头文件“iocc2530. h”，定义相关变量等。

```
//************************************
#include <iocc2530.h>
#define LED1 P1_0
unsigned int count;     //定义中断次数变量
```

(2)设计端口初始化函数

```
//*********端口初始化函数****************
void Init_Port()         //端口初始化函数
{
  P1SEL &=~0x01;         //设置 P1_0端口为 GPIO
  P1DIR |=0x01;          //定义 P1_0端口为输出
  LED1=0;                //关闭 LED1
}
```

(3)设计定时器 T1 初始化函数

1)设置定时器 1 的相关中断控制位。

使能总中断：EA = 1；→使能 T1 中断：T1IE = 1；→使能 T1 溢出中断：TIMIF | = 0x40；或 OVFIM = 1；

2)设置分频系数和工作模式并启动定时器。

设置 T1CTL，使 T1 处于 8 分频的自由运行模式：T1CTL = 0x05；

```
//**********T1初始化函数****************
void initial_T1()
{
  EA=1;              //使能总中断
  T1IE=1;            //使能 T1中断
  TIMIF |=0x40;      //使能 T1溢出中断
  T1CTL=0x05;        //启动定时器1,设置8分频,自由运行模式
}
```

(4)设计定时器 T1 中断服务函数

依据中断服务函数特定的书写格式，T1 中断服务函数基本书写格式如下；

```
//*************************
#pragma vector = T1_VECTOR
__interrupt void T1_ISR(void)
{
  T1IF=0;                    //清中断标志位
  if(定时器溢出次数满足定时时间要求)
  {
    ……
  }
```

```
    else
    {
      count++;
    }
}
```

溢出次数的计算：

本任务采用 8 分频，自由运行模式，所以其溢出周期约为：$\frac{8}{32\times10^6}\times65\ 536\approx0.016$ s。

实现 1 s 闪烁 1 次，则溢出次数为：$溢出次数=\frac{定时时间}{溢出周期}=\frac{1}{0.016}=62.5$，大约需要中断 62 次。

所以本任务中断服务函数的编程如下：

```
//*********中断服务函数****************
#pragma vector = T1_VECTOR
__interrupt void T1_ISR(void)
{
  T1IF=0;                      //清中断标志位
  if(count>62)
  {
    count=0;
    LED1=!LED1;
  }
  else
  {
    count++;
  }
}
```

(5)设计主函数

```
//*********主函数****************
void main(void)
{
  CLKCONCMD &=~0x7F;          //晶振设置为32 MHz
  while(CLKCONSTA&0x40);      //等待晶振稳定
  initial_T1();               //调用 T1初始化函数
  Init_Port();                //关闭 LED1
  while(1);
}
```

3. 编译、下载程序

编译无错后，下载程序，查看程序功能。

知识总结	自我评价

温馨提示

主函数中关于晶振频率的设置，也可以以子函数的形式进行调用。如：

```
void init_CLK(void)              //时钟初始化
{
  CLKCONCMD &= ~0x7F;         //晶振设置为 32 MHz
  while(CLKCONSTA&0x40);  //等待晶振稳定
}
```

在主函数中直接调用时钟初始化函数即可。

知识拓展

CC2530 单片机的时钟系统

CC2530 时钟源主要是 4 个：对于高频时钟（系统时钟）可以是外接的 32 MHz 晶振，也可以是内部的 16 MHz RC 振荡器；对于低频时钟（32 kHz），可以是外接 32.768 kHz 晶振，也可以是内部的 32.768 kHz RC 振荡器。通过设定特殊功能寄存器 CLKCONCMD 的对应位可以选择不同的时钟频率。CC2530 时钟结构如图 3-1-5 所示。

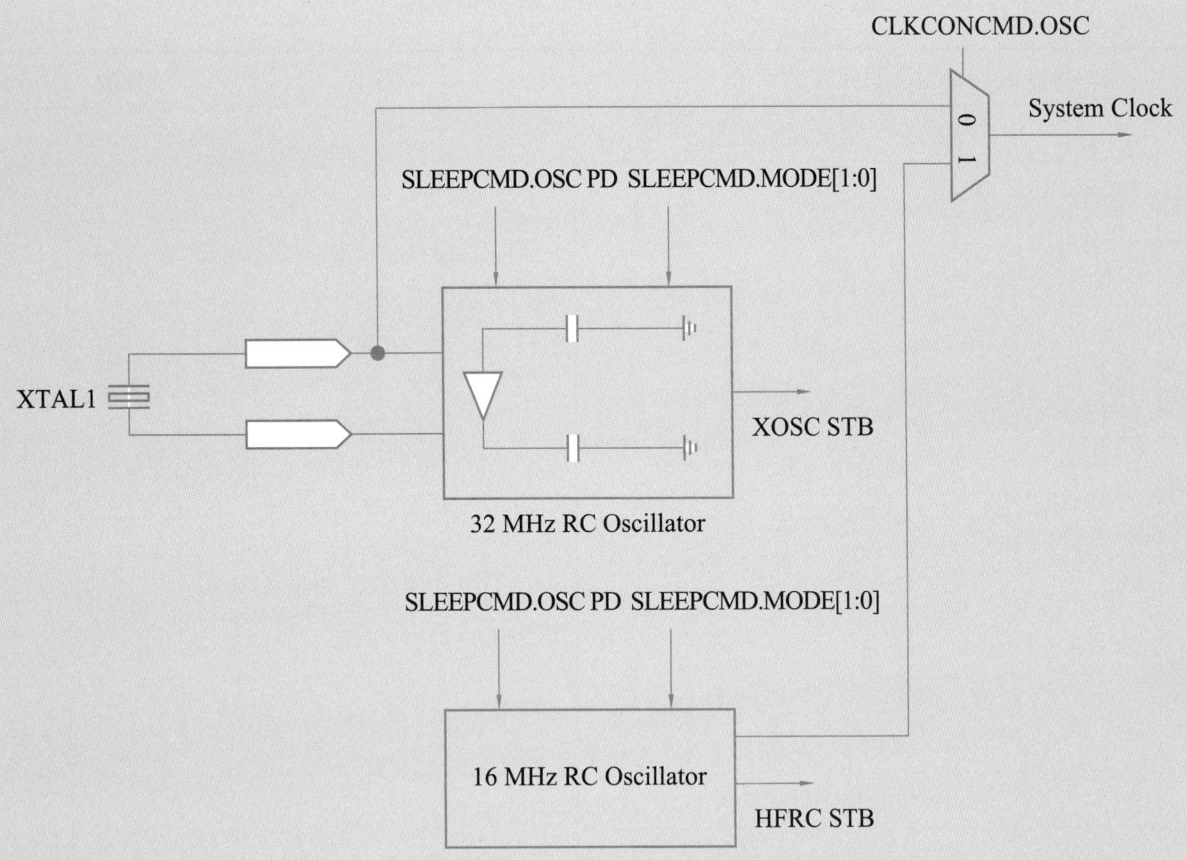

图 3-1-5　CC2530 时钟结构

【注意】32 MHz 晶振的启动时间比 16 MHz RC 晶振的启动时间长，可以根据需要先在 16 MHz RC 晶振上运行，直到晶体振荡器稳定；两个 32 kHz 的振荡器不能同时使用；RF 接收器要求使用 32 MHz 晶体振荡器。

因为稳定的时钟优于改变时钟源，因此改变 CLKCONCMD. OSC 位并不能立刻改变系统时钟，只有当 CLKCONSTA. OSC 与 CLKCONCMD. OSC 相同时才有效。此外，CLKCONCM. CLKSPD 与 CLKCONCMD. OSC 相等且同时变化。

睡眠定时器、看门狗定时器和时钟损失探测器在 32 kHz 晶体振荡器稳定之前不能使用。

实训与评价

基于 CC2530 模块做基础开发，利用定时功能实现每隔 1 s，LED1 和 LED2 灯交替闪烁 1 次。定时时间要求使用定时器 1，32 MHz 时钟频率，工作模式为自由运行模式，32 分频。

1）根据所学知识完成如下程序设计流程及职业素养评价：

程序设计流程及职业素养评价		提示	分数	评价
1	引用头文件，定义相关变量	定义 LED1、LED2 灯的相应端口及溢出次数	5	
2	端口初始化函数	LED1、LED2 灯相应端口的初始化状态	10	
3	T1 初始化函数	依据中断使能的步骤，注意寄存器 T1CTL 的设置	20	
4	T1 中断服务函数	依据中断服务函数的书写格式，完成本次任务的中断功能	25	
5	主函数编程	主函数的编程主要包括晶振设置及函数调用	10	

续表

程序设计流程及职业素养评价		提示	分数	评价
6	编译、链接程序		15	
7	将 CC Debugger 仿真器的下载线连接到 ZigBee 模块电路，测试程序功能		10	
8	职业素养评价：设备轻拿轻放、摆放整齐；保持环境整洁；小组合作等		5	

2）上机测试程序功能。

课后训练与提升

1. 选择题

1）当利用单片机的定时/计数器来对电动机转速进行测量时，使用的是(　　)。

A. 定时功能　　B. 计数功能　　C. 捕获功能　　D. 比较功能

2）CC2530 单片机的定时器 3 和定时器 4 都是(　　)位的定时器。

A. 8　　B. 16　　C. 24　　D. 以上答案都不对

3）睡眠定时器是一个(　　)位正计数定时器。

A. 8　　B. 16　　C. 24　　D. 以上答案都不对

4）自由运行模式下，计数器从(　　)开始计数，每个分频后的时钟边沿增加 1，当计数器达到(　　)时溢出。

A. 0x0000、0xFFFF　　B. 0x0000、0x00FF

C. 0x0000、0xFF00　　D. 0xFFFF、0x0000

2. 填空题

1）已知定时器 1 工作在 128 分频，自由运行模式下，则 T1CTL＝________，其溢出周期为________。

2）已知定时器 1 工作在 32 分频，自由运行模式下，则 T1CTL＝________，其溢出周期为________。

3. 简答题

1）简述自由运行模式的工作原理。

2）如何对自由运行模式下 T1 进行初始化设计？

3）写出自由运行模式下 T1 中断服务函数的设计格式。

4. 任务提升

1）基于 CC2530 模块做基础开发，利用定时功能实现 4 个 LED 流水灯功能，一个循环周期为 2 s，采用定时器 T1，自由运行模式下，8 分频。

2)学习效率是学习成功的基础，提高学习效率，有助于充分挖掘学习的潜力，提前达成学习的目标，降低压力，提高学习积极性。单片机通过定时/计数器的运用大大提高了工作效率，请问你在学习过程中，采用什么方法提高你的学习效率呢？

任务 2 定时器 1 模模式下控制 LED 灯闪烁

定时器 1 模模式下控制 LED 灯闪烁

任务描述

基于 ZigBee 模块做基础开发，利用定时功能实现每隔 1 s LED1 灯闪烁 1 次。定时时间要求使用定时器 1，32 MHz 时钟频率，工作模式为模模式，32 分频，要求每 50 ms 产生一次溢出中断。

任务目标

素质目标：

1)在任务实施过程中，具备动手、动脑和勇于创新的意识。

2)在分析、解决问题过程中，具备团队协作意识。

知识目标：

1)理解模模式的工作原理。

2)掌握模模式下相关寄存器的配置。

3)掌握模模式下 T1 初始化函数的设计方法。

4)掌握模模式下 T1 中断服务函数的设计方法。

能力目标：

1）会分析模模式的工作原理。

2）会设置模模式下相关寄存器。

3）会对模模式下 T1 定时器进行初始化。

4）能够依据任务要求设计模模式下定时/计数功能相关函数，将 CC Debugger 仿真器连接至计算机和实训设备，进行仿真演示。

任务分析

1. 知识分析

实现模模式下定时器 1 控制 LED 灯闪烁，理解模模式的工作原理，熟知模模式工作模式下与 T1 定时器相关寄存器的设置。

2. 设备分析

定时/计数器是 CC2530 单片机内部主要结构之一，实训任务选择 ZigBee 实训模块，如图 3-2-1 所示，会识读此实训模块电路图，理解此模块定时/计数器工作原理。

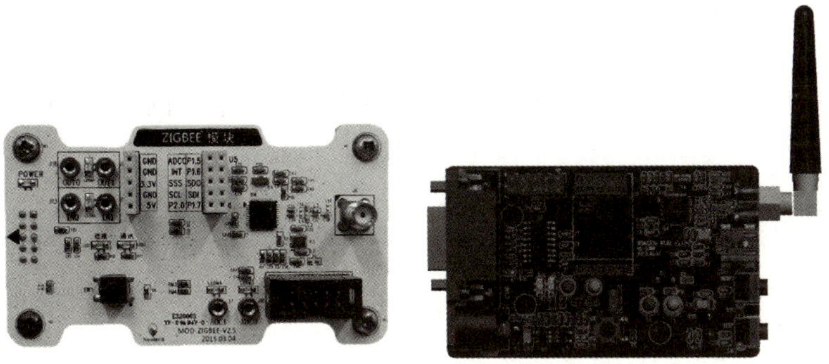

图 3-2-1　ZigBee 实训模块

3. 技能分析

实现定时器 1 模模式下控制 LED 灯闪烁，必须清晰模模式下溢出次数的计算方法，熟练运用 IAR 软件进行模模式下定时/计数功能相关函数的编程，并能编译、链接、调试程序，会利用 CC Debugger 仿真器，将仿真器的下载线连接到 ZigBee 实训模块与计算机，进行仿真演示。

知识储备

一、模模式工作原理

模模式下，计数器从 0x0000 开始计数，定时器 T1 每个分频后的时钟边沿增加 1，即每

$\frac{分频数}{32\times10^6}$ s(CC2530 单片机时钟频率是 32 MHz)增加 1，当计数器达到寄存器 T1CC0 中值(16 位寄存器，由 T1CC0H 和 T1CC0L 组合)时溢出，计数器重新载入 0x0000，继续递增，如图 3-2-2 所示。当计数达到最大计数值寄存器 T1CC0 中值时，IRCON. T1IF 和 T1STAT. OVFIF 两个标志位被置 1，若设置相应的中断使能位 T1MIF. OVFIM 和 IEN1. T1IE，将产生中断请求。定时器 1 共有 5 对 T1CCxH 和 T1CCxL 寄存器，分别对应通道 0 到通道 4。定时器 1 的定时功能使用 T1CC0H 和 T1CC0L 两个寄存器，存放最大计数值的高 8 位和低 8 位。

$$最大计数值=\frac{溢出周期\times32\times10^6}{分频数}$$

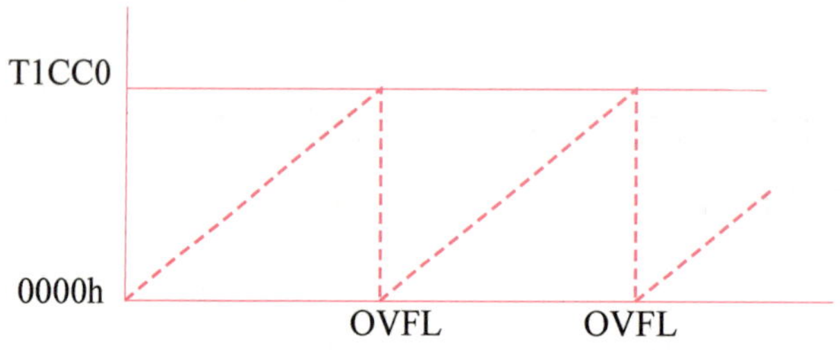

图 3-2-2　模模式

注意：

1)如果定时器 1 的计数器开始于 T1CC0 以上的一个值，当达到最终计数值(0xFFFF)时，上述相应标志位被置 1。

2)模模式用于周期不是 0xFFFF 的场合。

二、模模式下与 T1 相关的寄存器及设置

根据模模式的工作原理可知，判断是否产生溢出，需要将计数值不断与寄存器 T1CC0 中的值进行比较。所以模模式下与 T1 相关寄存器有：

T1CCTL0：定时器 1 通道 0 捕获/比较控制寄存器。

T1CC0H：定时器 1 通道 0 捕获/比较值高位。

T1CC0L：定时器 1 通道 0 捕获/比较值低位。

T1STAT：定时器 1 状态寄存器。

T1CTL：定时器 1 控制寄存器。

TIMIF：定时器 1/3/4 中断屏蔽/标志。

注意：T1STAT、T1CTL、TIMIF 寄存器的设置参考本模块任务 1。

模模式下与 T1 相关的寄存器如表 3-2-1 所示。

表 3-2-1 模模式下与 T1 相关的寄存器

T1CCTL0(0xE5)——定时器 1 通道 0 捕获/比较控制寄存器				
位	**名称**	**复位**	**R/W**	**描述**
7	RFIRQ	0	R/W	当设置时，使用 RF 中断捕获，而不是常规捕获输入
6	IM	1	R/W	通道 0 中断屏蔽。设置时使能中断请求
5:3	CMP[2:0]	000	R/W	通道 0 比较模式选择。当定时器的值等于在 T1CC0 中的比较值，选择操作输出。 000：在比较设置输出； 001：在比较清除输出； 010：在比较切换输出； 011：在向上比较设置输出，在 0 清除； 100：在向上比较清除输出，在 0 设置； 101：没有使用； 110：没有使用； 111：初始化输出引脚。CMP[2：0]不变
2	MODE	0	R/W	模式。选择定时器 1 通道 0 捕获或者比较模式。 0：捕获模式； 1：比较模式
1:0	CAP[1:0]	00	R/W	通道 0 捕获模式选择。 00：未捕获； 01：上升沿捕获； 10：下降沿捕获； 11：所有沿捕获
T1CC0H(0xDB)——定时器 1 通道 0 捕获/比较值高位				
位	**名称**	**复位**	**R/W**	**描述**
7:0	T1CC0[15:8]	0x00	R/W	定时器 1 通道 0 捕获/比较值高 8 位字节。当 T1CCTL0. MODE = 1(比较模式)时，对该寄存器写操作，会导致 T1CC0[15：0]的值更新写入值延迟到 T1CNT = 0x0000
T1CC0L(0xDB)——定时器 1 通道 0 捕获/比较值高位				
位	**名称**	**复位**	**R/W**	**描述**
7:0	T1CC0[7:0]	0x00	R/W	定时器 1 通道 0 捕获/比较值低 8 位字节。写到该寄存器的数据被存储到一个缓存中，同时后一次写 T1CC0H 生效时，才把值写入 T1CC0[7:0]

知识总结	自我评价

任务指导

1. 搭建开发环境

1)新建工作区，工作区名为：work3_2。

2)新建工程，工程名为：project3_2。

3)新建源程序文件，命名为 test3_2. c。

4)将 test3_2. c 文件添加到 project3_2 工程中。

5)按键 Ctrl+S 保存工作区。

6)配置工程选项，“Project”→“Options”→“General Options”，“Device”→“Texas Instruments”→“CC2530F256”。

7)配置 Linker，勾选“Override default”单选按钮。

8)配置 Debugger，“Debugger”→“Setup”→“Driver”→“Texas Instruments”。

2. 在编辑窗口设计程序

(1)准备工作

引入 CC2530 必要的头文件“iocc2530. h”，定义相关变量等。

```
//*******************************************************
#include <iocc2530.h>
#define LED1 P1_0
unsigned char count;
```

(2)设计端口初始化函数

```
//***************端口初始化函数*******************
void Init_Port()        //端口初始化函数
{
  P1SEL &=~0x01;        //设置 P1_0端口为 GPIO
  P1DIR |=0x01;         //定义 P1_0端口为输出
  LED1=0;               //关闭 LED1
}
```

(3)设计定时器 T1 初始化函数

1)初始化函数设计基本流程：

①将定时器 1 的最大计数值写入 T1CC0。

②通过 T1CCTL0 寄存器开启定时器 1 通道 0 的输出比较模式。

③设置定时器 1 的相关中断控制位。

设置 EA=1，使能总中断；设置 T1IE=1，使能 T1 中断；设置 TIMIF | =0x40 或 OVFIM=1，使能 T1 溢出中断。

④设置分频系数和工作模式并启动定时器。

2)定时器 T1 的最大计数值：

任务中系统时钟为 32 MHz，分频系数为 32，溢出周期为 50 ms，则：

最大计数值$=\frac{溢出周期\times32\times10^6}{分频数}=\frac{0.05\times32\times10^6}{32}=50\ 000$，将其转换为十六进制为 0xC350。

3)定时器 1 初始化函数：

```
//***************T1初始化函数*******************
void Init_T1()                  //定时器1初始化函数
{
  T1CC0L=50000&0x00FF;          //或 T1CC0L=0x50;设置最大计数值的低8位
  T1CC0H=(50000&0xFF00)>>8;     //或 T1CC0H=0xC3; 设置最大计数值的高8位
  T1CCTL0 |=0x04;               //开启通道0的输出比较模式
  TIMIF |=0x40;                 //定时器1溢出中断使能
  T1IE=1;                       //定时器1中断使能
  EA=1;                         //总中断使能
  T1CTL=0x0A;                   //启动定时器 T1,设32分频,模模式
}
```

(4)设计 T1 中断服务函数

1)基本设计思路：

①清除 IRCON 的 T1 中断标志位 T1IF 及 T1STAT 的溢出中断标志位 OVFIF，因硬件会自动清零，即此语句可省略。

②判断 count 是否达到溢出次数，如果达到即 1 s 定时到，count 清零，执行中断服务函数；否则 count 累加。

$$溢出次数=\frac{定时时间}{溢出周期}=\frac{1}{0.05}=20$$

2)T1 中断服务函数：

```
//***************T1中断服务函数*******************
#pragma vector=T1_VECTOR
__interrupt void T1_ISR()
```

```
{
  if(count>=20)
  {
    count=0;
    LED1=!LED1;
  }
  else
  {
    count++;
  }
}
```

(5)设计主函数

```
//***************主函数*******************
void main()
{
  CLKCONCMD &=~0x7F;          //晶振设置为32 MHz
  while(CLKCONSTA&0x40);  //等待晶振稳定
  Init_Port();                //调用定时器1初始化函数
  Init_T1();                  //调用 T1初始化函数
  while(1);
}
```

3. 编译、下载程序

编译无错后，下载程序，测试程序功能。

知识总结	自我评价

实训与评价

基于 CC2530 模块做基础开发，利用定时功能实现每隔 1 s，LED1 和 LED2 灯交替闪烁 1 次，定时时间要求采用定时器 T1，32 MHz，工作模式为模模式，128 分频，已知溢出周期为 200 ms。

1) 根据所学知识完成如下程序设计流程及职业素养评价：

程序设计流程及职业素养评价		提示	分数	评价
1	引用头文件，定义相关变量	定义 LED1、LED2 灯的相应端口及溢出次数	5	
2	端口初始化函数	LED1、LED2 灯相应端口的初始化状态	10	
3	T1 初始化函数	依据中断使能的步骤，注意寄存器 T1CTL 的设置	20	
4	T1 中断服务函数	依据中断服务函数的书写格式，完成本次任务的中断功能	25	

续表

程序设计流程及职业素养评价		提示	分数	评价
5	主函数编程	主函数的编程主要包括晶振设置及函数调用	10	
6	编译、链接程序		15	
7	将 CC Debugger 仿真器的下载线连接到 ZigBee 模块电路，测试程序功能		10	
8	职业素养评价：设备轻拿轻放、摆放整齐；保持环境整洁；小组合作等		5	

2）上机测试程序功能。

课后训练与提升

1. 选择题

1）在模模式下，计数器从（　　）开始计数，每个分频后的时钟边沿加 1，当计数器达到了用户设置的时间 T1CC0（由 T1CC0：T1CC0L）时溢出。

A. 0x0000　　B. 0x00FF　　C. 0xFF00　　D. 0xFFFF

2）下图表示的运行方式是 CC2530 单片机定时/计数器的（　　）工作方式。

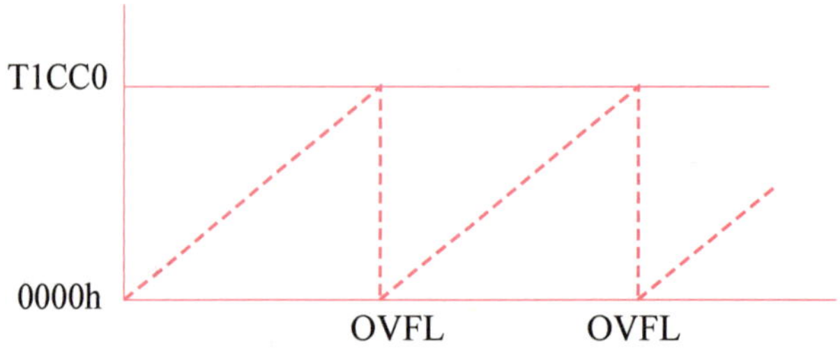

A. 自由运行模式　　B. 模模式

C. 正计数/倒计数模式　　D. 倒计数模式

3）在 CC2530 中，在采用 16 MHz 的 RC 振荡器作为时钟源并使用 16 位的定时器 1，则下面关于定时器 1 说法错误的是（　　）。

A. 最大计数值为 65 535

B. 采用 128 分频时，最大定时时长为 524.28 ms

C. 使用 T1CCH 和 T1CC0L 分别存放计数值的高、低位值

D. 采用模模式时，不能使用溢出中断

2. 填空题

已知定时器 1 工作在 128 分频，模模式下，其溢出周期为 200 ms，请完善下列程序。

```
T1CC0L = _______________;
T1CC0H =_______________;          // 将定时器最大计数值写入 T1CC0;
T1CCTL0 |= 0x04;                  //设定定时器1通道0比较模式
T1IE = 1;                         //使能定时器1中断
TIMIF |= 0x40;                    //使能定时器1溢出中断
T1CTL =_______________;           //设置128分频,模模式,并启动定时器 T1CTL
```

3. 简答题

1) 已知溢出周期和分频数，如何分析计算模模式下定时器的最大计数值及溢出次数？

2) 已知最大计数值和分频数，如何分析计算模模式下定时器的溢出周期及溢出次数？

3) 简述模模式的工作原理。

4) 如何对模模式下 T1 进行初始化设计？

5) 写出模模式下 T1 中断服务函数的设计格式。

4. 任务提升

定时器 1 采用 128 分频，模模式，每隔 50 ms 产生一次溢出中断，要求，每隔 2 s，ZigBee 模块上的 4 个 LED 灯呈流水灯效果显示。

任务 3　定时器 1 正计数/倒计数模式下控制 LED 灯闪烁

任务描述

基于 CC2530 模块做基础开发，利用定时功能实现每隔 1 s LED1 灯闪烁 1 次，要求采用定时器 1，正计数/倒计数模式，32 分频，已知其溢出周期为 100 ms。

定时器 1 正计数/倒计数模式下控制 LED 灯闪烁

任务目标

素质目标：

1）在任务实施过程中，具备自主学习能力。

2）具备大局意识、集体观念。

知识目标：

1）理解正计数/倒计数模式的工作原理。

2）掌握正计数/倒计数模式下相关寄存器的配置。

3）掌握正计数/倒计数模式下 T1 初始化函数的设计方法。

4）掌握正计数/倒计数模式下 T1 中断服务函数的设计方法。

能力目标：

1）会分析正计数/倒计数模式的工作原理。

2）会设置正计数/倒计数模式下相关寄存器。

3）会对正计数/倒计数模式下 T1 定时器进行初始化。

4）能够依据任务要求设计正计数/倒计数模式下定时/计数功能相关函数，将 CC Debugger 仿真器连接至计算机和实训设备，进行仿真演示。

任务分析

1. 知识分析

实现正计数/倒计数模式下定时器 1 控制 LED 灯闪烁，理解正计数/倒计数模式的工作原理，熟知正计数/倒计数工作模式下与 T1 定时器相关寄存器的设置。

2. 设备分析

定时器/计数器是 CC2530 单片机内部主要结构之一，实训任务选择 ZigBee 实训模块，如图 3-3-1 所示，会识读此实训模块电路图，理解此模块定时/计数器工作原理。

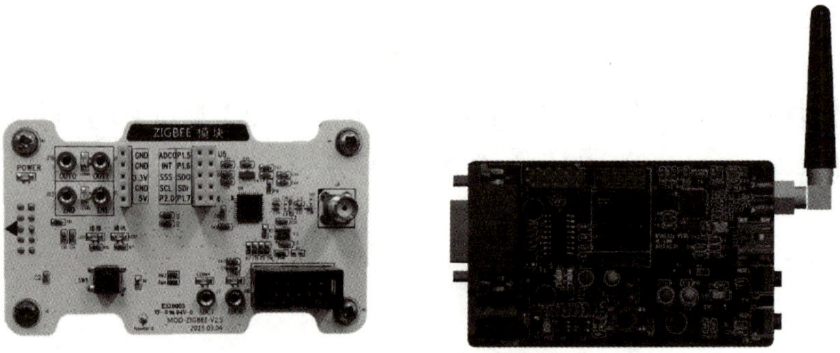

图 3-3-1　ZigBee 实训模块

3. 技能分析

实现定时器 1 正计数/倒计数模式下控制 LED 灯闪烁，必须清晰溢出次数的计算方法，熟练运用 IAR 软件进行正计数/倒计数模式下定时/计数功能相关函数的编程，并能编译、链接、调试程序，会利用 CC Debugger 仿真器，将仿真器的下载线连接到 ZigBee 实训模块与计算机，进行仿真演示。

知识储备

一、正计数/倒计数模式工作原理

正计数/倒计数模式下，计数器反复从 0x0000 开始计数，正计数到寄存器 T1CC0 中值时，然后倒计数回到 0x0000，如图 3-3-2 所示。这个定时器用于周期必须是对称输出脉冲而不是 0xFFFF 的应用程序，因此允许中心对齐的 PWA 输出应用的实现。在正计数/倒计数模式，当达到最终计数值 0x0000 时，IRCON. T1IF 和 T1STAT. OVFIF 两个标志位被置 1，若设置相应的中断使能位 T1MIF. OVFIM 和 IEN1. T1EN，将产生中断请求。由 0x0000 计数至寄存器 T1CC0 中的值，再倒数至 0x0000，所用时间为溢出周期。T1CC0 寄存器存放最大计数值，在正计数/倒计数模式下，

$$最大计数值=\frac{溢出周期\times32\times10^6}{分频数\times2}$$

注意：在正计数达到最大值又倒计数回到 0x0000 时产生中断。

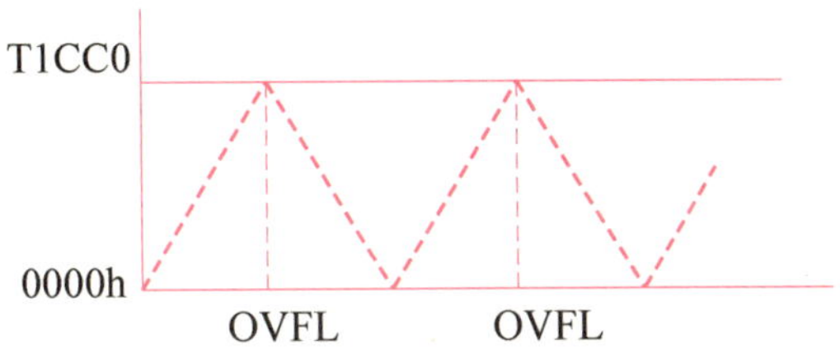

图 3-3-2　正计数/倒计数模式

二、正计数/倒计数模式下与 T1 相关寄存器及设置

依据正计数/倒计数模式的工作原理判断是否产生溢出，需将计数值不断与寄存器 T1CC0 中的值进行比较。所以正计数/倒计数模式下与 T1 相关寄存器有：

T1CCTL0：定时器 1 通道 0 捕获/比较控制寄存器。

T1CC0H：定时器 1 通道 0 捕获/比较值高位。

T1CC0L：定时器 1 通道 0 捕获/比较值低位。

T1STAT：定时器 1 状态寄存器。

T1CTL：定时器 1 控制寄存器。

TIMIF：定时器 1/3/4 中断屏蔽/标志。

注意：各种寄存器的设置参考本模块任务 2。

知识总结	自我评价

任务指导

1. 搭建开发环境

1)新建工作区，工作区名为：work3_3。

2)新建工程，工程名为：project3_3。

3)新建源程序文件，命名为 test3_3. c。

4)将 test3_3. c 文件添加到 project4_3 工程中。

5)按键 Ctrl+S 保存工作区。

6)配置工程选项，“Project”→“Options”→“General Options”，“Device”→“Texas Instruments”→“CC2530F256”。

7)配置 Linker，勾选“Override default”单选按钮。

8)配置 Debugger，“Debugger”→“Setup”→“Driver”→“Texas Instruments”。

2. 在编辑窗口设计程序

(1)准备工作

引入 CC2530 必要的头文件“iocc2530. h”，定义相关变量等。

```
//*************************************************
#include <iocc2530.h>
#define LED1 P1_0
unsigned char count;
```

(2)设计端口初始化函数

```
//**************端口初始化函数****************
void Init_Port()        //端口初始化函数
{
  P1SEL &=~0x01;        //设置 P1_0端口为 GPIO
  P1DIR |=0x01;         //定义 P1_0端口为输出
  LED1=0;               //关闭 LED1
}
```

(3)定时器 T1 初始化函数

正计数/倒计数模式下，T1 初始化函数的设计方法参考实训任务 2。

1)正计数/倒计数模式下定时器 T1 的最大计数值。

本任务系统时钟为 32 MHz，分频系数为 32，溢出周期为 100 ms，则：

最大计数值$=\frac{\text{溢出周期}\times32\times10^6}{\text{分频数}\times2}=\frac{0.1\times32\times10^6}{32\times2}=50\ 000$，将其转换为十六进制为 0xC350。

2)定时器 T1 初始化函数。

```
//**************T1初始化函数****************
void Init_T1()                          //定时器1初始化函数
{
  T1CC0L=50000&0x00FF;                  //或 T1CC0L=0x50;设置最大计数值的低8位
  T1CC0H=(50000&0xFF00)>>8;             //或 T1CC0H=0xC3;设置最大计数值的高8位
  T1CCTL0 |=0x04;                       //开启通道0的输出比较模式
  TIMIF |=0x40;                         //定时器1溢出中断使能
  T1IE=1;                               //定时器1中断使能
  EA=1;                                 //总中断使能
  T1CTL=0x0B;                           //启动定时器 T1,设32分频,正计数/倒计数模式
}
```

(4)设计定时器 T1 中断服务函数

1)清除 IRCON 的 T1 中断标志位 T1IF 及 T1STAT 的溢出中断标志位 OVFIF，因硬件会自动清零，即此语句可省略。

2)判断 count 是否达到溢出次数，如果达到即 1 s 定时到，count 清零，执行中断服务函数；否则 count 累加。

$$\text{溢出次数}=\frac{2\times\text{定时时间}}{\text{溢出周期}}=\frac{2}{0.1}=20$$

中断服务函数如下：

```
//**************T1中断服务函数**********************
#pragma vector=T1_VECTOR
__interrupt void T1_ISR()
{
  if(count>=20)
  {
    count=0;
    LED1=!LED1;
  }
  else
  {
    count++;
  }
}
```

(5)设计主函数

```
//**************主函数****************
void main(void)
{
  CLKCONCMD &=~0x7F;          //晶振设置为32 MHz
  while(CLKCONSTA&0x40);      //等待晶振稳定
  Init_Port();                //调用端口初始化函数
  Init_T1();                  //调用定时器1初始化函数
  while(1);
}
```

3. 编译、下载程序

编译无错后，下载程序，测试程序功能。

知识总结	自我评价

实训与评价

基于 CC2530 模块做基础开发，利用定时功能实现每隔 1 s，LED1 和 LED2 灯交替闪烁 1 次。采用定时器 T1，正计数/倒计数模式，128 分频，已知溢出周期为 200 ms。

1) 根据所学知识完成如下程序设计流程及职业素养评价：

<table>
<tr><th colspan="2">程序设计流程及职业素养评价</th><th>提示</th><th>分数</th><th>评价</th></tr>
<tr><td rowspan="2">1</td><td>引用头文件，定义相关变量</td><td rowspan="2">定义 LED1、LED2 的相应端口及溢出次数</td><td rowspan="2">5</td><td rowspan="2"></td></tr>
<tr><td></td></tr>
<tr><td rowspan="2">2</td><td>端口初始化函数</td><td rowspan="2">LED1、LED2 相应端口的初始化状态</td><td rowspan="2">10</td><td rowspan="2"></td></tr>
<tr><td></td></tr>
<tr><td rowspan="2">3</td><td>T1 初始化函数</td><td rowspan="2">计算 T1 的最大计数值，设置 T1CC0H 及 T1CC0L，设置 T1CCTL0，依据中断使能的步骤，设置 T1 相关中断标志位，设置 T1CTL，启动定时器 T1</td><td rowspan="2">20</td><td rowspan="2"></td></tr>
<tr><td></td></tr>
<tr><td rowspan="2">4</td><td>T1 中断服务函数</td><td rowspan="2">依据中断服务函数的书写格式，完成本次任务的中断功能</td><td rowspan="2">25</td><td rowspan="2"></td></tr>
<tr><td></td></tr>
</table>

续表

程序设计流程及职业素养评价		提示	分数	评价
5	主函数		10	
6	编译、链接程序		15	
7	将 CC Debugger 仿真器的下载线连接到 ZigBee 模块电路，测试程序功能		10	
8	职业素养评价：设备轻拿轻放、摆放整齐；保持环境整洁；小组合作等		5	

2) 上机测试程序功能。

课后训练与提升

1. 填空题

1) 在 CC2530 单片机定时器 1 工作模式中，从 0x0000 计数到 T1CC0 并且从 T1CC0 计数到 0x0000 的工作模式是________。

A. 自由运行模式　　B. 模模式

C. 正计数/倒计数模式　　D. 倒计数模式

2) 已知定时器 1 设置 8 分频，正计数/倒计数模式，则 T1CTL= ________。
若定时器 1 设置 128 分频，正计数/倒计数模式，则 T1CTL= ________。

3) 已知定时器 1 工作在 128 分频，正计数/倒计数模式下，其计数到最大值时间为 50 ms，请完善下列程序。

```
T1CC0L = ______________;
T1CC0H =______________;     // 将定时器最大计数值写入 T1CC0
T1CCTL0 |= 0x04;            //设定定时器1通道0比较模式
T1IE = 1;                   //使能定时器1中断
TIMIF |= 0x40;              //使能定时器1溢出中断
T1CTL =______________;      //设置128分频、正计数/倒计算模式，并启动定时器 T1CTL
```

2. 简答题

1) 已知溢出周期和分频数，如何分析计算正计数/倒计数模式下定时器的最大计数值及溢出次数？

2) 已知最大计数值和分频数，如何分析计算正计数/倒计数模式下定时器的溢出周期及溢出次数？

3）简述正计数/倒计数模式的工作原理。

4）如何对正计数/倒计数模式下 T1 进行初始化设计？

5）写出正计数/倒计数模式下 T1 中断服务函数的设计格式。

3. 任务提升

基于 CC2530 模块做基础开发，利用定时功能实现模块上 4 个 LED 灯呈流水灯效果显示，循环周期为 2 s。定时器 1 采用 128 分频，正计数/倒计数模式，已知其溢出周期为 100 ms。

模块四

CC2530 单片机的串行接口原理与应用

串口通信可进行计算机之间通信、单片机之间通信及与带有串口的模块、芯片、外围设备等的通信，是应用极其广泛的一种数据通信方式。常见应用场景包括数据采集、交通监控、环境监控、工业控制、自动控制、电报通信、短信模块等。学会串口通信，就可以开始使用 WiFi 模块、GSM 模块、蓝牙模块、GPS 模块以及各种使用串口通信的传感器模块。

知识导读

本模块主要内容是学习 CC2530 单片机串口通信相关基础知识与基本技能。共由三个任务构成，分别是串口发送字符串、串口发送指令控制 LED 灯及串口聊天室。以 ZigBee 实训模块上 CC2530 单片机串口通信模块为开发对象，学习串口通信的工作原理、CC2530 单片机串口相关寄存器的设置方法、初始化串口的方法，以及如何使用串口进行数据收发。会应用 IAR 软件编写、编译、链接、下载、调试程序，并会利用 CC Debugger 仿真器及串口调试工具进行仿真演示。

精彩内容

任务 1　串口发送字符串

任务 2　串口发送指令控制 LED 灯

任务 3　串口聊天室

任务 1　串口发送字符串

串口发送字符串

任务描述

基于 ZigBee 实训模块，编程实现按照设定的时间间隔(2 s)通过串口不断地向 PC 发送字符串“Hello ZigBee!”。

任务目标

素质目标：

1) 实训过程中，具备节电、安全用电意识及工作现场的 6S 意识。

2) 具备创新意识。

知识目标：

1) 掌握 CC2530 单片机串口通信相关寄存器的配置及工作波特率的设置。

2) 理解 UART 发送原理。

能力目标：

1) 能根据实际应用实现 UART 发送数据通信。

2) 能使用串口调试助手进行配置。

3) 会应用 IAR 软件编写、编译、链接、下载、调试程序，能够将 CC Debugger 仿真器的下载线连接到 ZigBee 实训模块与计算机，进行仿真演示。

任务分析

1. 知识分析

实现通过串口发送字符串，必须理解 UART 发送原理，能够正确配置串口相关寄存器，清晰 UART 发送流程。

2. 设备分析

实训任务选择 ZigBee 实训模块，如图 4-1-1 所示，会识读此实训模块电路图，理解此模块串口工作原理。另外还需选取 USB 转串口线对 ZigBee 模块与 PC 进行连接，并通过串口调试助手进行调试。

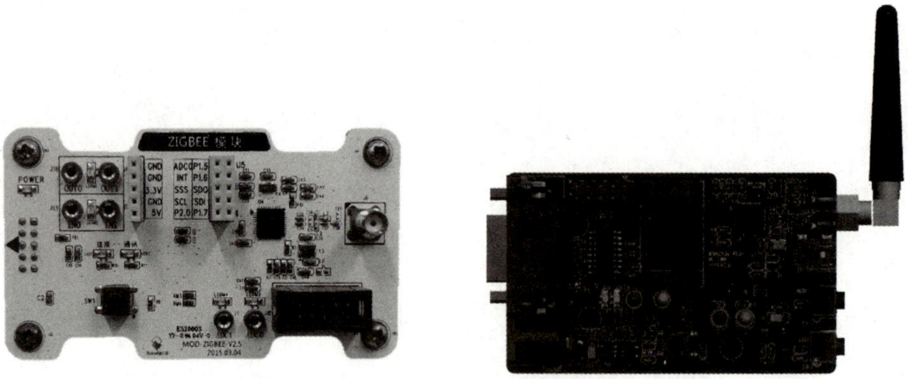

图 4-1-1　ZigBee 实训模块

3. 技能分析

实现通过串口发送字符串，需具备 UART 发送数据通信知识技能，会运用 IAR 软件进行编程，并能够编译、链接、调试程序；会利用 CC Debugger 仿真器，将仿真器的下载线连接到 ZigBee 实训模块与计算机，通过串口助手调试配置，进行仿真演示。

知识储备

初始化串口配置

一、串口通信基础

1. 串口

串口是串行接口的简称，也称为串行通信接口或串行通信接口(通常指 COM 接口)，是采用串行通信方式的扩展接口。串行接口(Serial Interface)在一条信号线上将数据一个比特一个比特地逐位进行传输。

其中，每种接头都有公头和母头之分，带针状的接头是公头，而带孔状的接头是母头，如图 4-1-2 所示。

串口包括一个 RX(Receive Data)和一个 TX(Transmit Data)两线。其中 RX 表示接收数据，TX 表示发送数据。RT(Request to Send)表示请求发送，CT(Clear to Send)表示清除发送。

图 4-1-2　公头与母头

2. 串口通信

串口通信是指外设和计算机间，通过数据信号线、地线、控制线等，按位进行传输数据的一种通信方式。在通信领域内，微控制器与外设之间的数据通信，根据连线结构和传送方式的不同，有两种方式：并行通信和串行通信，如图 4-1-3 所示。

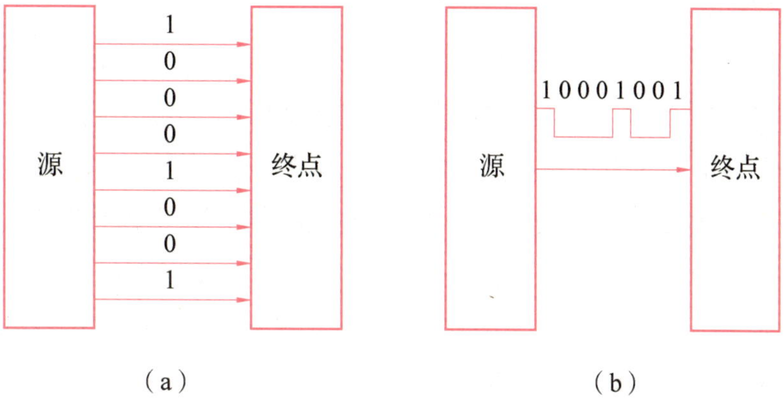

图 4-1-3　并行通信与串行通信
(a)并行通信；(b)串行通信

(1)并行通信

并行通信指数据的各位同时发送或接收，每个数据位使用单独的一条导线。传输速度快，效率高，但需要的数据线较多，成本高，干扰大，可靠性较差，一般适用于短距离数据通信，多用于计算机内部的数据传送。

(2)串行通信

串行通信指外设和计算机之间使用一根数据信号线一位接一位地顺序发送或接收数据，每一位数据都占据一个固定的时间长度。其需要的数据线少，成本低，但传输速度慢，效率低，特别适用于计算机与计算机、计算机与外设之间的远距离通信。

(3)串行数据传输方式

1)单工方式：只允许数据按照一个固定的方向传送，如图 4-1-4 所示。

2)半双工方式：只有一根数据线传送数据信号，通信双方不能同时在两个方向上传送，如图 4-1-5 所示。

3)全双工方式：通信双方能同时进行发送和接收操作，如图 4-1-6 所示。

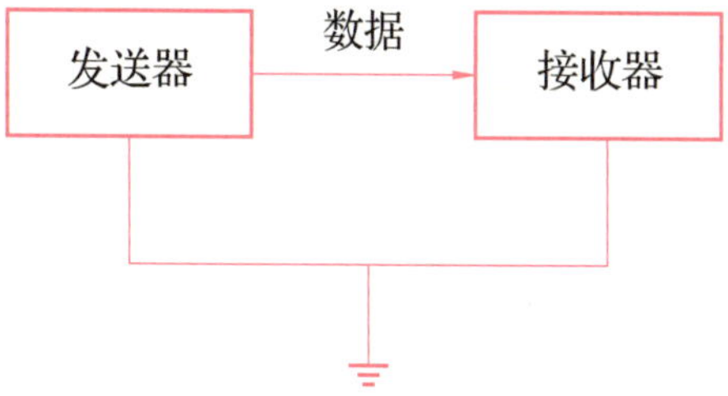

图 4-1-4　单工方式

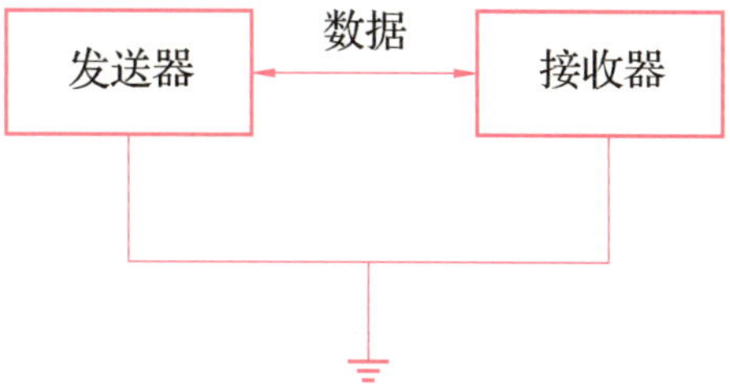

图 4-1-5　半双工方式

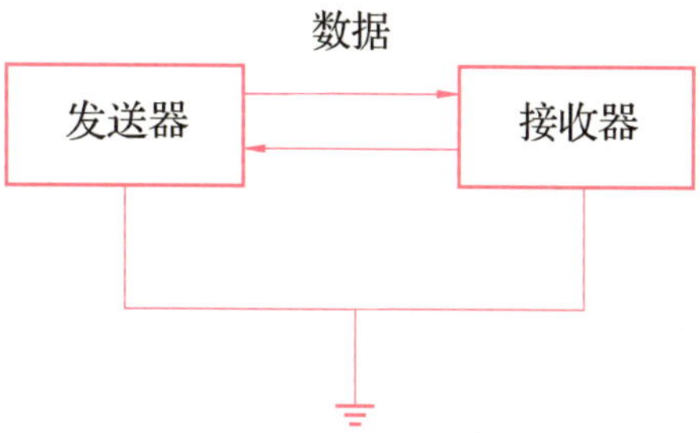

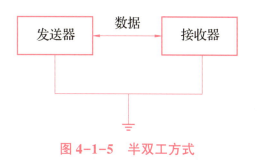

图 4-1-6　全双工方式

(4) 串行通信类型

1) 串行同步通信：所有设备使用同一个时钟，以数据块为单位传送数据，每个数据块包括同步字符、数据块和校验字符。同步字符位于数据块的开头，用于确认数据字符的开始；接收时，接收设备连续不断地对传输线采样，并把接收到的字符与双方约定的同步字符进行比较，只有比较成功后才会把后面接收到的字符加以存储。同步通信的优点是数据传输速率高，缺点是要求发送时钟和接收时钟保持严格同步。在数据传送开始时先用同步字符来指示，同时传送时钟信号来实现发送端和接收端同步，即检测到规定的同步字符后，就连续按顺序传送数据，这种传送方式对硬件结构要求较高。

同步通信的数据块格式如图 4-1-7 所示。

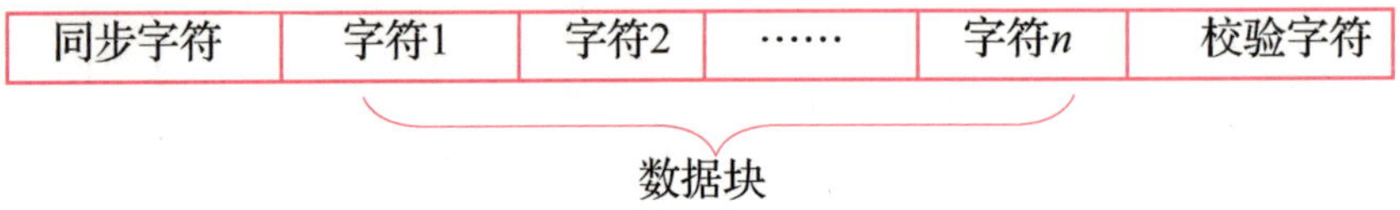

图 4-1-7　串行同步通信的数据块格式

2) 串行异步通信：在异步通信中，每个设备都有自己的时钟信号，通信中双方的时钟频率保持一致。异步通信以字符为单位进行数据传送，每一个字符均按照固定的格式传送，又被称为帧，即异步串行通信一次传送一个帧。每一个帧数据由起始位(低电平)、数据位、奇偶校验位(可选)和停止位(高电平)组成。

串行异步通信的数据帧格式如图 4-1-8 所示。

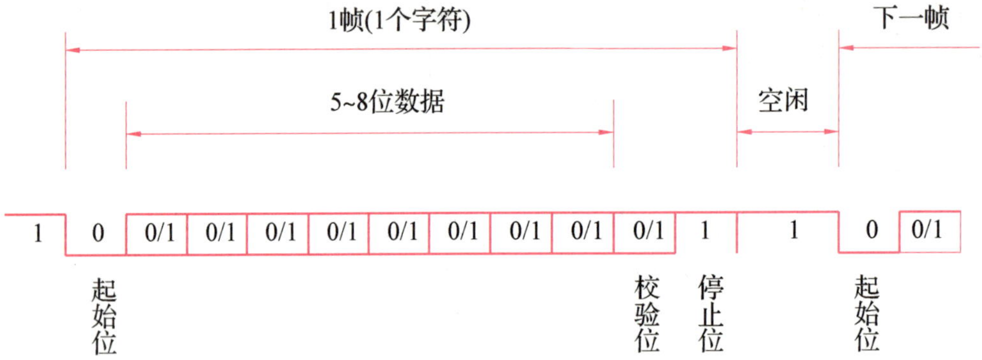

图 4-1-8　串行异步通信的数据帧格式

起始位：发送端通过发送起始位而开始一帧数据的传送。起始位使数据线处于逻辑 0，用来表示一帧数据的开始。

数据位：起始位之后就开始传送数据位。在数据位中，低位在前，高位在后。数据的位数可以是 5、6、7 或 8。

奇偶校验位：是可选项，双方根据约定用来对传送数据的正确性进行检查。可选用奇校验、偶校验和无校验位。在发送数据时，数据位尾随的第 1 位为奇偶校验位(1/0)。奇校验时，数据中 1 的个数与检验位 1 的个数之和应为奇数；偶校验时，数据中 1 的个数与校验位 1 的个数之和应为偶数。接收字符时，对 1 的个数进行校验，若字符不一致，则说明传输数据过程中出现错误。

停止位：在奇偶校验位之后，停止位使数据线处于逻辑 1，用以标志一个数据帧的结束。停止位逻辑值 1 的保持时间可以是 1、1.5 或 2 位，通信双方根据需要确定。

空闲位：在一帧数据的停止位之后，线路处于空闲状态，线路上对应的逻辑值是 1，表示一帧数据结束，下一帧数据还没有到来。数据位数可以是很多位。

例：传送 8 位数据 45H(01000101B)，奇校验，1 个停止位，则信号线上的波形如图 4-1-9 所示。

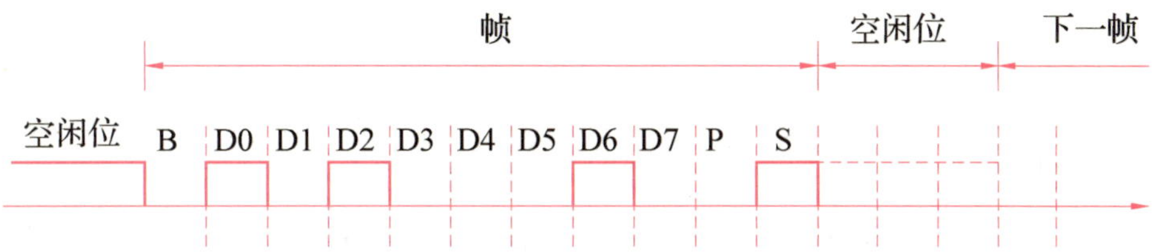

图 4-1-9　信号线上的波形

B：起始位；

D7～D0：数据位，先发送低位，依次为 10100010；

P：奇偶校验位因数据中 1 的个数为奇数，所以其校验位为 0；

S：停止位 1。

知识总结	自我评价

二、CC2530 串口通信

使用 CC2530 单片机和计算机进行串行通信，需要了解常用的串行通信接口标准。常用的串行通信接口标准有 RS-232、RS-422 和 RS-485 等。CC2530 单片机的串行通信接口是 TTL 电平，其电气规范为：

逻辑 0——输入：小于 0.8 V　输出：小于 0.4 V

逻辑 1——输入：大于 2.0 V　输出：大于 2.4 V

而计算机配置的串行通信接口是 RS-232 标准接口，其电气规范为：

逻辑 0——5~15 V　　　逻辑 1——-15~-5 V

两者的电气规范不一致，要完成两者之间的数据通信，必须经过 MAX232 芯片进行电平转换。CC2530 单片机与计算机通信电平转换方案如图 4-1-10 所示。

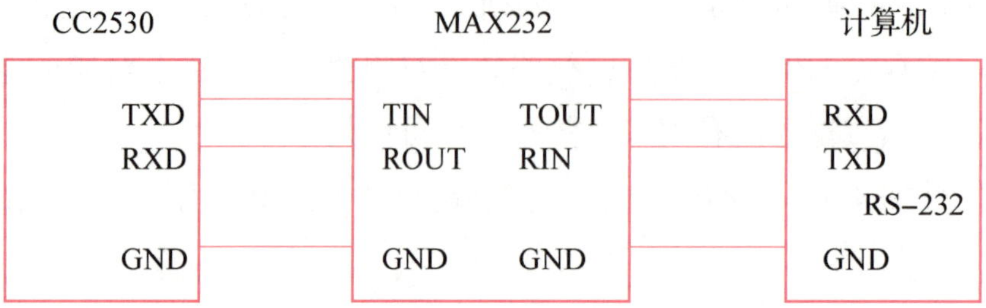

图 4-1-10　CC2530 单片机与计算机通信电平转换方案

识读 ZigBee 模块电路图，明确 CC2530 的串口通信连接计算机的电路。由电路可知，串口通信电路连接采用三线制，将单片机和计算机的串口用 RXD、TXD、GND 三条线连接起来。计算机的 RXD 线连接到单片机的 TXD，计算机的 TXD 线连接到单片机的 RXD，共地线相连，串口通信的其他握手信号均不使用。

知识总结	自我评价

三、CC2530 串行通信接口

CC2530 有两个串行通信接口：USART0 和 USART1。它们能够分别运行于异步模式（UART）或者同步模式（SPI）。两个 USART 具有相同的功能，均具备备用位置 Alt1 和备用位置 Alt2，两个备用位置的选择可以设置单独的 I/O 引脚进行确定，其映射关系如表 4-1-1 所示。

表 4-1-1　USART 的 I/O 引脚映射关系

外设功能		P0								P1							
		7	6	5	4	3	2	1	0	7	6	5	4	3	2	1	0
UART0	Alt1			RT	CT	TX	RX										
	Alt2											RX	TX	RT	CT		
UART1	Alt1			RX	TX	RT	CT										
	Alt2									RX	TX	RT	CT				

位置 1：RX0——P0_2 TX0——P0_3 RX1——P0_5 TX1——P0_4；

位置 2：RX0——P1_5 TX0——P1_4 RX1——P1_7 TX1——P1_6。

串口备用位置的选择可通过 PERCFG 外设控制寄存器来设置，如表 4-1-2 所示。

表 4-1-2　PERCFG(0xF1)——外设控制寄存器

位	名称	复位	R/W	描述
7	-	0	R0	没有使用
6	T1CFG	0	R/W	定时器 1 的 I/O 位置 0：备用位置 1　　1：备用位置 2
5	T3CFG	0	R/W	定时器 3 的 I/O 位置 0：备用位置 1　　1：备用位置 2
4	T4CFG	0	R/W	定时器 4 的 I/O 位置 0：备用位置 1　　1：备用位置 2
3:2	-	00	R/W	没有使用
1	U1CFG	0	R/W	USART1 的 I/O 位置 0：备用位置 1　　1：备用位置 2
0	U0CFG	0	R/W	USART0 的 I/O 位置 0：备用位置 1　　1：备用位置 2

四、串口通信接口相关寄存器

对每个 USART 串口通信编程，本质是设置 5 个相关的寄存器（“x”是 USART 的编号，为 0 或 1），串口通信接口相关寄存器如表 4-1-3 所示。

1) UxCSR：USATRx 的控制和状态寄存器。

2) UxUCR：USATRx 的 UATR 控制寄存器。

3) UxGCR：USARTx 的通用控制寄存器。

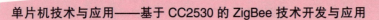

4) UxDBUF：USARTx 的接收/发送数据缓冲寄存器。

5) UxBAUD：USATRx 的波特率控制寄存器。

表 4-1-3　串口通信接口相关寄存器

UxCSR(0x86)——USARTx 控制和状态				
位	**名称**	**复位**	**R/W**	**描述**
7	MODE	0	R/W	USART 模式选择 0：SPI 模式　　1：UART 模式
6	RE	0	R/W	UART 接收器使能。注意在 UART 完全配置之前不使能接收。 0：禁用接收器　　1：接收器使能
5	SLAVE	0	R/W	SPI 主或从模式选择。 0：SPI 主模式　　1：SPI 从模式
4	FE	0	R/W	UART 帧错误状态。 0：无帧错误检测　　1：字节收到不正确停止位级别
3	ERR	0	R/W0	UART 奇偶错误状态 0：无奇偶错误检测　　1：字节收到奇偶错误
2	RX_BYTE	0	R/W0	接收字节状态，URAT 模式和 SPI 从模式，当读 U0DBUF 该位自动清除，通过写 0 清除它，这样有效丢弃 U0DBUF 中的数据。 0：没有收到字节　　1：准备好接收字节
1	TX_BYTE	0	R/W0	发送字节状态，有 URAT 模式和 SPI 主模式。 0：字节没有被发送　　1：写到数据缓存寄存器的最后字节被发送
0	ACTIVE	0	R	USART 发送/接收主动状态，在 SPI 从模式下该位等于从模式选择。 0：USART 空闲　　1：在发送或者接收模式 USART 忙碌
UxUCR——USARTx UART 控制				
位	**名称**	**复位**	**R/W**	**描述**
7	FLUSH	0	RO/W1	清除单元，当设置时，该事件将会立即停止当前操作并且返回单元的空闲状态
6	FLOW	0	R/W	UART 硬件流使能。用 RTS 和 CTS 引脚选择硬件流控制的使用。 0：流控制禁止　　1：流控制使能

续表

位	名称	复位	R/W	描述
5	D9	0	R/W	UART 奇偶校验位，当使能奇偶校验，写入 D9 的值决定发送的第 9 位的值，如果收到的第 9 位不匹配收到字节的奇偶校验，接收时报告 ERR。如果奇偶校验使能，那么该位设置以下奇偶校验级别： 0：奇校验 1：偶校验
4	BIT9	0	R/W	UART9 位数据使能。当该位是 1 时，使能奇偶校验位传输(即第 9 位)，如果通过 PARITY 使能奇偶校验，第 9 位的内容是通过 D9 给出的。 0：8 位传送 1：9 位传送
3	PARITY	0	R/W	UART 奇偶校验使能，除了为奇偶校验设置该位用于计算，必须使能 9 位模式。 0：禁用奇偶校验 1：奇偶校验使能
2	SPB	0	R/W	UART 停止位的位数，选择要传送的停止位的位数。 0：1 位停止位 1：2 位停止位
1	STOP	1	R/W	UART 停止位的电平必须不同于开始位的电平。 0：停止位低电平 1：停止位高电平
0	START	0	R/W	UART 起始位电平，闲置线的极性采用选择的起始位级别的电平的相反电平。 0：起始位低电平 1：起始位高电平
UxGCR – USARTx 通用控制				
位	名称	复位	R/W	描述
7	CPOL	0	R/W	SP1 的时钟极性。 0：负时钟极性 1：正时钟极性
6	CPHA	0	R/W	SP1 时钟相位。 0：当 SCK 从 CPOL 倒置到 CPOL 时数据输出到 MOSI，并且当 SCK 从 CPOL 倒置到 CPOL 时数据输入抽样到 MOSI
5	ORDER	0	R/W	传送位顺序。 0：LSB 先传送 1：MSB 先传送
4:0	BAUD_E[4:0]	0 0000	R/W	波特率指数值，BAUD_E 和 BAUD_M 决定了 UART 波特率和 SPI 的主 SCK 时钟频率

续表

UxDBUF——USARTx 接收/发送数据缓存				
位	**名称**	**复位**	**R/W**	**描述**
7:0	DATA[7:0]	0x00	R/W	USART 接收和发送数据。当写这个寄存器时数据被写到内部，传送数据寄存器。当读取该寄存器时，数据来自内部读取的数据寄存器
UxBAUD——USARTx 波特率控制				
位	**名称**	**复位**	**R/W**	**描述**
7:0	BAUD_M[7:0]	0x00	R/W	USART 波特率小数部分的值。BAUD_E 和 BAUD_M 决定了 UART 的波特率和 SPI 的主 SCK 时钟频率

五、设置波特率

波特率是每秒钟传输二进制代码的位数，单位是：位/秒(bit/s)。当运行在 UART 模式时，内部的波特率发生器设置 UART 波特率。当运行在 SPI 模式时，内部的波特率发生器设置 SPI 主时钟频率。由寄存器 UxBAUD. BAUD_M[7:0]和 UxGCR. BAUD_E[4:0]定义波特率。该波特率用于 UART 传送，也用于 SPI 传送的串行时钟速率。波特率由下式给出：

$$\text{波特率}=\frac{(256+\text{BAUC\_M})\times 2^{\text{BAUD\_E}}}{2^{28}}\times F$$

式中，F 是系统时钟频率，等于 16 MHz RCOSC 或者 32 MHz XOSC。

标准波特率所需的寄存器值如表 4-1-4 所示。该表适用于典型的 32 MHz 系统时钟。真实波特率与标准波特率之间的误差，用百分数表示。

表 4-1-4　标准波特率所需的寄存器值

波特率/(bit · s^{-1})	UxBAUD. BAUD_M	UxGCR. BAUD_E	误差
2 400	59	6	0. 14
4 800	59	7	0. 14
9 600	59	8	0. 14
14 400	216	8	0. 03
19 200	59	9	0. 14
28 800	216	9	0. 03
38 400	59	10	0. 14

续表

波特率/(bit · s^{-1})	UxBAUD. BAUD_M	UxGCR. BAUD_E	误差
57 600	216	10	0. 03
76 800	59	11	0. 14
115 200	216	11	0. 03
230 400	216	12	0. 03

知识总结	自我评价

六、初始化串口配置

串口通信使用前要先进行初始化操作，串口初始化有三个步骤，以 UART0 为例。

1. 配置 I/O 端口

使用外部设备功能，本任务配置 P0_2 和 P0_3 用作 UART0。

片内外设引脚位置采用上电复位值，即 PERCFG 寄存器采用默认值。USART0 使用位置 1，P0_2、P0_3、P0_4、P0_5 作为片内外设 I/O，用作 UART 方式，代码如下：

```
PERCFG &= ~0x01;     //USART0使用备用位置1 TX-P0_3 RX-P0_2
P0SEL |= 0x3C;       //P0_2端口,P0_3端口,P0_4端口,P0_5端口用于外设
P2DIR &= ~0xC0;      //P0优先作为 UART 方式
```

2. 配置串口寄存器

串口通信接口寄存器有 5 个，初始化串口时，需要配置其相关寄存器。

1) U0CSR 控制和状态寄存器，可设置接收模式，如 SPI 、UART。

本任务设置 UART 模式，则代码如下：

```
U0CSR |=0x80;
```

2) U0UCR：控制寄存器，设置奇偶校验。

设置 UART 的工作方式。UART0 配置参数采用上电复位，默认值如下：

①硬件流控：无。

②奇偶校验位(第 9 位)：奇校验。

③第 9 位数据使能：否。

④奇偶校验使能：否。

⑤停止位：1 个。

⑥停止位电平：高电平。

⑦起始位电平：低电平。

其代码如下：

```
U0UCR |=0x80;
```

3) U0GCR：通用控制寄存器，可设置波特率指数值。

4) U0BAUD：波特率控制寄存器，设置波特率小数部分的值。

当使用 32 MHz 晶体振荡器作为系统时钟时，假设获得波特率为 19 200，需要配置如下：

```
U0GCR = 9;
U0BAUD = 59;
```

3. 清中断

代码如下：

```
UTX0IF = 0;    //清零 UART0 TX 中断标志或 IRCON2 &=~ 0x02;
```

综上所述，串口初始化配置的基本流程及完整代码如图 4-1-11 所示。

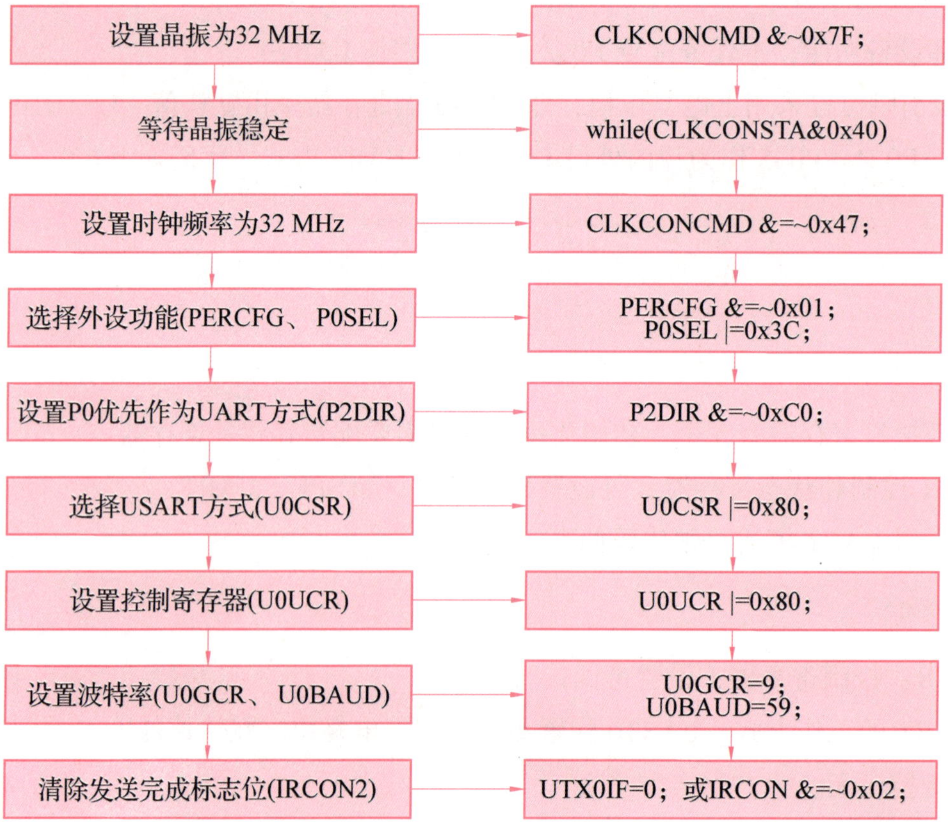

图 4-1-11 串口初始化配置基本流程及完整代码

```
//**********************串口初始化函数**********************
void init_UART0()
{
  CLKCONCMD &=~0x7F;           //晶振设置为32 MHz
  while(CLKCONSTA&0x40);       //等待晶振稳定
  CLKCONCMD &=~0x47;           //设置系统时钟频率为32 MHz
  PERCFG &= ~0x01;             //USART0使用备用位置1 TX-P0_3 RX-P0_2
  P0SEL |= 0x3C;               //P0_2端口,P0_3端口,P0_4端口,P0_5端口用于外设
  P2DIR &= ~0xC0;              //P0优先作为 UART 方式
  U0CSR |=0x80;
  U0UCR |=0x80;
  U0GCR = 9;
  U0BAUD = 59;
  UTX0IF = 0;                  //清零 UART0 TX 中断标志
}
```

知识总结	自我评价

测试与评价

训练与测试	自我评价
1)初始化串口配置，设置波特率为 115 200 bit/s。	
2)《论语》中子曰：“君子耻其言而过其行。”意思是“君子认为说得多而做得少是可耻的。”学习动机与学习态度决定着学习效率，学习时，不应只说不做，照本宣科，而应该多思多做多练，只有这样才能彻底理解掌握知识，达到融会贯通。你做到了吗？	

七、UART 发送

当 USART 收/发数据缓冲寄存器 UxDBUF 写入数据时，该字节发送到输出引脚 TXDx，开始数据的传输。UxDBUF 是双缓冲的。

当字节传送开始时，UxCSR. ACTIVE 位变为高电平，而当字节传送结束时为低电平。当传送结束时，UxCSR. TX_BYTE 位设置为 1。当 USART 收/发数据缓冲寄存器就绪，准备接收新的发送数据时，产生了一个中断请求。该中断在传送开始之后立刻发生，触发 TX 完成中断标志 UTX0IF(具体参考模块三任务 1 寄存器 IRCON2)，并且数据缓冲寄存器被卸载，因此，当字节正在发送时，新的字节能够装入数据缓冲寄存器。

在单字节的发送函数中，把要发送的数据写入 UxDBUF 后，查询 TX 完成标志 UTX0IF，当该标志被置 1 时，表示数据发送完成，然后清除该标志。

知识总结	自我评价

八、串口调试工具

1. 串口调试工具

串口调试工具，即串行通信接口调试软件。它有着数据发送、数据接收、数据监控、数据分析等功能，且小巧精致、操作简捷、功能强大，所以深得广大用户喜爱。串口调试工具可以帮助用户在串口通信监控、设备通信测试工作中有效提高工作效率。

2. 串口调试助手 UartAssist 简介

常用的串口调试工具有很多，如友善串口调试助手、串口调试助手 UartAssist、SSCOM3. 2、PCOMAPR1. 5、Accessport1. 33 等。本任务以串口调试助手 UartAssist 为例讲解串口调试工具的安装与使用。UartAssist 是一款功能非常强大且实用性极高的串口调试助手，该软件不仅支持常用的 110~115 200 bit/s 波特率，而且它的端口号、校验位、数据位、停止位等各种数据，都可以完美地进行调试。同时，该软件也支持 ASCII/Hex 发送，并且发送和接收的数据可以在十六进制和 ASCII 码之间任意转换，从而更好地帮助用户提高工作效率和开发速度。另外，软件还会根据操作系统的环境自动切换系统语言，非常便携好用。

软件特色：

1）只有一个执行文件，无须安装。

2）支持中英文双语言，自动根据操作系统环境选择系统语言类型。

3）支持常用的110~115 200 bit/s波特率，端口号、校验位、数据位和停止位均可设置。

4）自动检测枚举本机串口号，支持虚拟串口。

5）支持设置分包参数（最大包长、分包时间），防止接收时数据粘包。

6）支持ASCII/Hex发送，发送和接收的数据可以在十六进制和ASCII码之间任意转换，支持发送和显示汉字。

7）可以自动发送校验位，支持多种校验格式，如校验和、异或、CRC16、固定字节等。

8）发送内容支持转义字符，例如发送框中包含诸如rn等转义符时，会自动解析成对应的ASCII码进行发送。

9）支持AT指令自动添加回车换行选项，启用该选项时，在发送AT指令时会自动在行尾补全回车换行。

10）接收数据可以自动保存到文件，并支持数据文件和日志文件两种选项。

11）支持日志接收模式：接收内容时自动显示时间戳等相关信息。

12）支持任意间隔发送，循环发送。

13）可以从文件导入数据用于发送。

14）接收和发送文字支持ANSI与UTF8两种编码方式。

3. 串口调试工具的使用

下载解压UartAssist串口调试助手，双击 UartAssist 即可使用，如图4-1-12所示。

使用注意事项：

1）依据计算机串口连接情况，选择正确的串口号。如果使用USB转串口线连接，则需要安装好驱动程序，通过计算机的设备管理器查找出正确的串口号。

本实训任务使用USB转串口线连接，需安装驱动程序“CP210xVCPInstaller_x64”，其安装过程如图4-1-13所示。

图4-1-12　串口调试助手

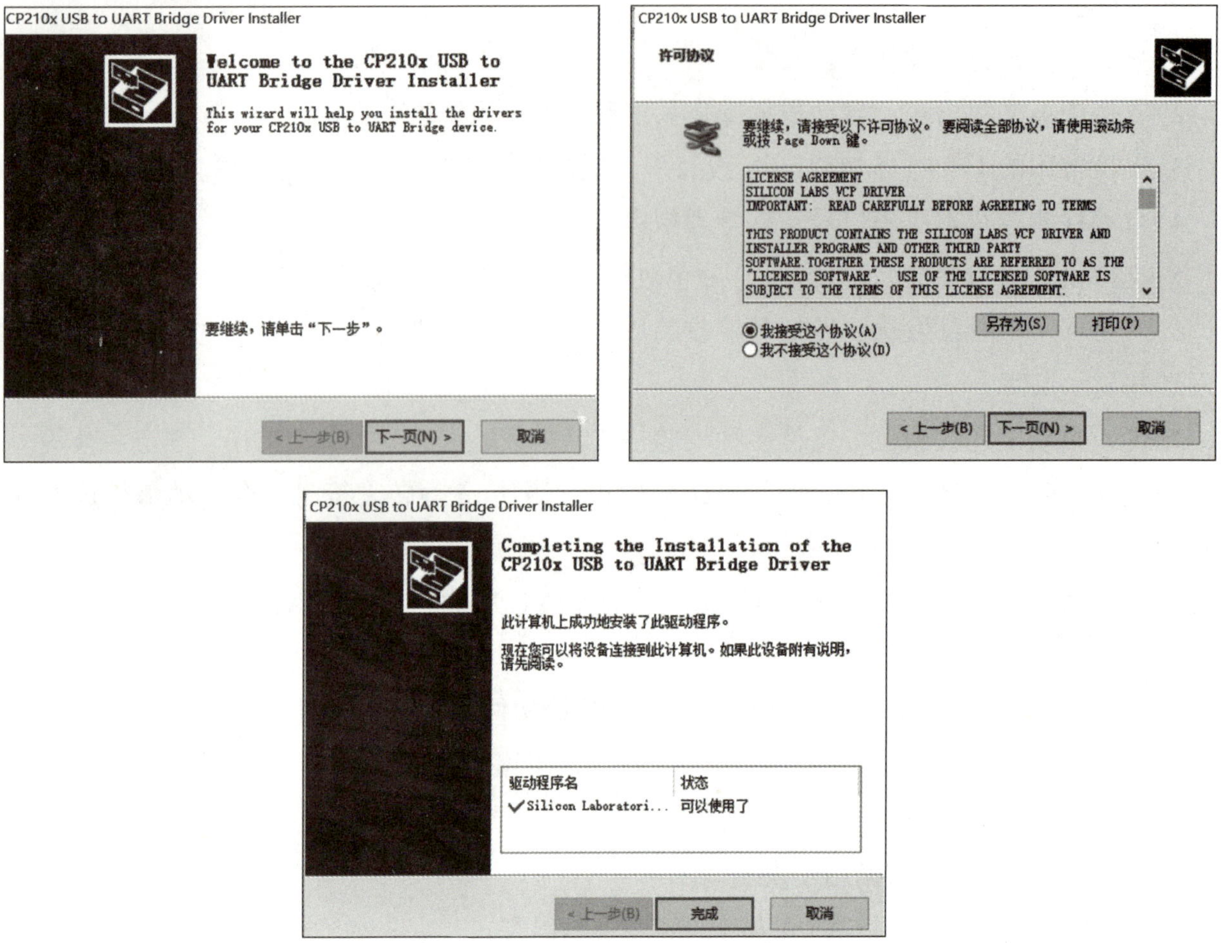

图 4-1-13　串口驱动程序的安装过程

如果使用 USB 转串口线将实验板连接到计算机，在计算机中就会生成一个 COM 口，可以在设备管理器中查看到，如图 4-1-14 所示。

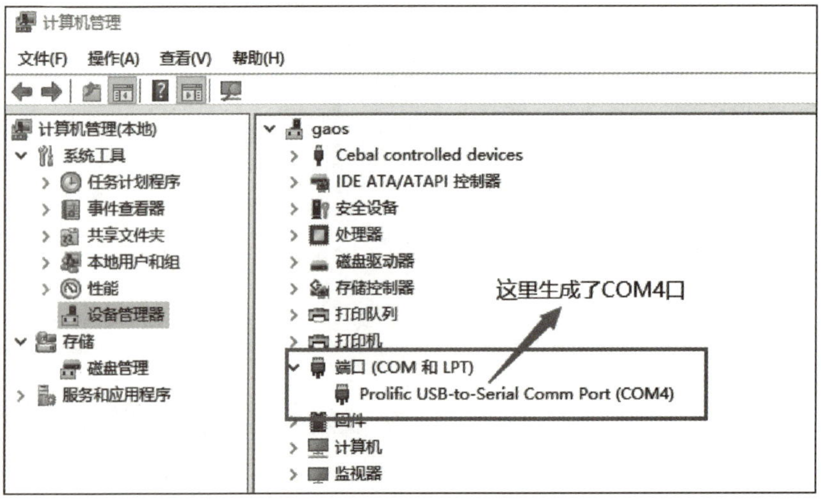

图 4-1-14　设备管理器查看 COM 口

2) 依据任务要求选择正确的波特率。

3) 选择校验位、数据位及停止位。

默认选择校验位：NONE；数据位：8；停止位：1。

4) 设置接收/发送。

根据任务要求设置 ASCII(文本模式)或 HEX(十六进制模式)。单击“打开”按钮变为“关闭”按钮。

串口调试助手的设置举例如图 4-1-15 所示。

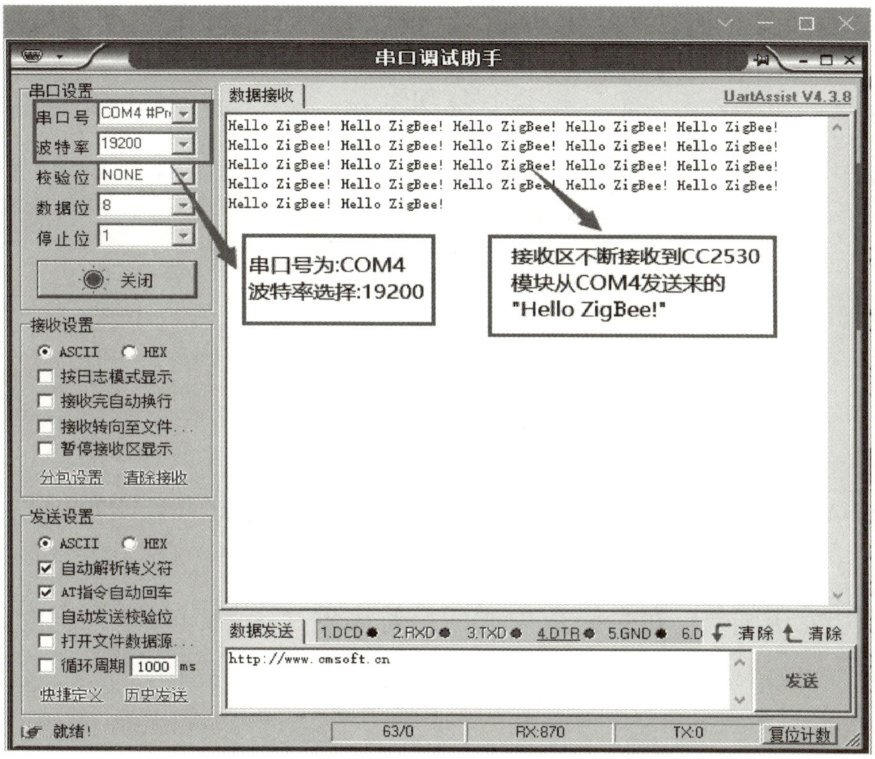

图 4-1-15　串口调试助手的设置

知识总结	自我评价

任务指导

1. 程序设计思路

1)任务流程如图 4-1-16 所示。

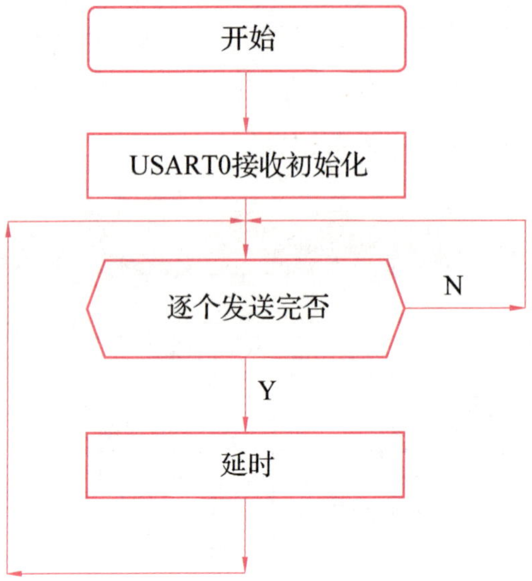

图 4-1-16　UATR 发送程序任务流程

2)初始化 USART0 的各个寄存器，设置 USART0 的工作方式为 UART 模式，并将其波特率设置为 19 200 bit/s。

3)设计字符串发送函数，在主函数中调用字符串发送函数，每隔一定的延时(2 s)发送一次。

2. 搭建开发环境

1)新建工作区，工作区名为：work5_2。

2)新建工程，工程名为：project5_2。

3)新建源程序文件，命名为 test5_2. c。

4)将 test5_2. c 文件添加到 project5_2 工程中。

5)按键 Ctrl+S 保存工作区。

6)配置工程选项，“Project”→“Options”→“General Options”，“Device”→“Texas Instruments”→“CC2530F256”。

7)配置 Linker，勾选“Override default”单选按钮。

8)配置 Debugger，“Debugger”→“Setup”→“Driver”→“Texas Instruments”。

3. 在编辑窗口设计程序

(1)准备工作

引入 CC2530 必要的头文件“iocc2530. h”，定义相关变量及延时函数，具体代码如下：

```
//***********************************************
#include <iocc2530.h>
char data[] = "HelloZigBee!";
void delay(unsigned int i) //延时函数
{
  unsigned int j,k;
  for( j=0; j<i;j++)
  {
    for(k=0;k<500;k++);
  }
}
```

(2)串口初始化配置

```
//************串口初始化函数****************
void initial_usart_tx()
{
  PERCFG = 0x00;        //USART0使用备用位置1,TX-P0_3,RX-P0_2
  P0SEL |= 0x3C;        //USART0使用位置1,设置相应引脚为片内外设 I/O 端口
  P2DIR &= ~0xC0;       //P0优先作为 UART 模式
  U0CSR |= 0x80;        //选择 USART 通信为 UART 模式
  U0UCR |= 0x80;        //设置 USART 工作方式
  U0GCR = 9;
  U0BAUD = 59;          //配置串口工作的波特率,波特率设置为19 200 bit/s
  UTX0IF = 0;           //清除 USATR 发送中断标志
}
```

(3)设计字符串发送函数

在通过串口 UART0 发送字符串的函数中，循环逐个发送字符，通过判断是否遇到字符串长度结束标志控制循环。

```
//**************字符串发送函数****************
void uart_tx_string(char *data_tx,int len)
{
  unsigned int j;
  for(j=0;j<len;j++)
  {
    U0DBUF=*data_tx++;
    while(UTX0IF==0);     //等待发送完成
    UTX0IF = 0;           //清除串口发送标志位
  }
}
```

(4)设计主函数

```
//**************主函数****************
void main(void)
{
  CLKCONCMD &= ~0x7F;     //晶振选择为32 MHz
  while(CLKCONSTA&0x40); //等待晶振稳定
  CLKCONCMD &= ~0x47;     //设置系统主时钟频率为32 MHz
  initial_usart_tx();
  while(1)
  {
    uart_tx_string(data,sizeof(data));//sizeof(data)--→计算字符串个数
    delay(2000);
  }
}
```

4. 编译、下载程序

1)编译无误后，将 CC Debugger 与 ZigBee 模块相连，并连接到计算机，如图 4-1-17 所示。

2)用 USB 转串口数据线把 ZigBee 模块连接到计算机，如图 4-1-18 所示。

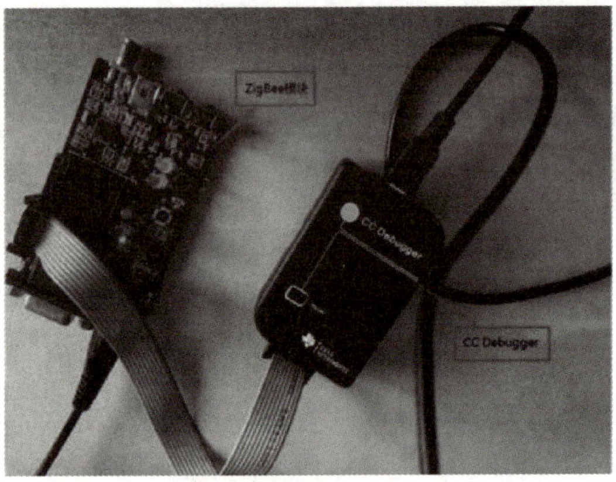

图 4-1-17　CC Debugger 与 ZigBee 模块相连

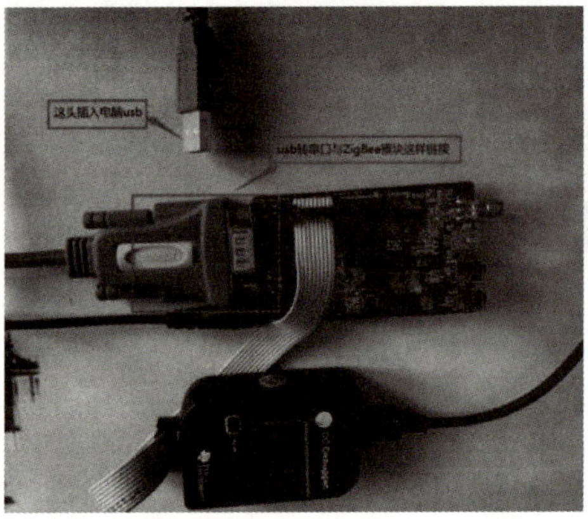

图 4-1-18　用 USB 转串口数据线把 ZigBee 模块连接到计算机

如图 4-1-18 操作后，就会在计算机中生成一个 COM 口，可以在设备管理器中查看，如图 4-1-14 所示。

3)下载程序，打开串口调试助手，可以看到 ZigBee 模块不断向 PC 发送字符串“Hello ZigBee!”，如图 4-1-15 所示。

知识总结	自我评价

实训与评价

通过按键 SW1 控制串口数据发送，每次按下 SW1 按键，则往串口发送一句“Hello ZigBee!”。

1）根据所学知识完成如下程序设计流程及职业素养评价：

程序设计流程及职业素养评价		提示	分数	评价
1	引用头文件，定义相关变量	定义 SW1 相应端口及存放字符串的数组	5	
2	按键端口及中断初始化函数的编程	SW1 的初始化状态（设置端口功能寄存器、方向寄存器及配置寄存器）及中断使能步骤	10	
3	串口初始化配置	串口相关寄存器的配置	10	

续表

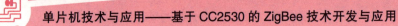

程序设计流程及职业素养评价		提示	分数	评价
4	字符串发送函数设计	在通过串口 UART0 发送字符串的函数中，循环逐个发送字符，通过判断是否遇到字符串长度结束标志控制循环	15	
5	中断服务函数设计	实现每次按下 SW1 按键，往串口发送一句“Hello ZigBee!”，每次按下按键调用字符串发送函数	15	
6	主函数的编程	主函数的编程主要包括晶振设置及初始化函数的调用	10	
7	串口调试助手使用	串口配置设置要求采用波特率 19 200 bit/s，8 位数据位，1 位停止位，无校验位，无流控	10	

续表

程序设计流程及职业素养评价		提示	分数	评价
8	编译、链接程序		10	
9	将 CC Debugger 仿真器的下载线连接到 ZigBee 模块电路，并用串口线连接 ZigBee 模块与计算机，通过串口调试工具测试程序功能		10	
10	职业素养评价：设备轻拿轻放，摆放整齐；保持环境整洁；小组合作等方面		5	

2）上机测试程序功能。

课后训练与提升

1. 课后训练

1）下面关于 CC2530 串行通信 UART 模式的说法中，错误的是（　　）。

A. 在 UART 模式中，提供全双工传送

B. 通过 UxUCR 寄存器设置 UART 模式中的控制参数

C. 在 UART 模式中，数据发送和数据接收共用一个中断向量

D. 在 UART 模式中，数据发送和数据接收分别有独立的中断向量

2）下面关于 CC2530 串行通信 UART 模式的说法中，错误的是（　　）。

A. 在 UART 模式中，可以同时进行数据发送和数据接收

B. 在 UART 模式中，不能同时进行数据发送和数据接收

C. 发送数据时，将字节数据放到 UxDBUF 寄存器中，便会自动发送

D. 当完成一个字节的接收后，该字节数据会放到 UxDBUF 寄存器中

3）CC2530 串行通信接口 USART0 的通用控制寄存器是（　　）。

A. U0BAUD　　B. U0CSR　　C. U0BUF　　D. U0GCR

4）CC2530 串行通信接口 USART0 的控制和状态控制寄存器是（　　）。

A. U0BAUD　　B. U0CSR　　C. U0BUF　　D. U0GCR

5）设置 UART 通信相关参数的寄存器是（　　）。

A. UxBAUD　　B. UxCSR　　C. UxUCR　　D. UxGCR

6）PERCFG 寄存器的功能是（　　）。

A. 指定 USART 串行通信接口的映射引脚

B. 选择 USART 串行通信接口的工作模式

C. 设置 USART 串行通信接口的波特率

D. 使能 USART 串行通信接口的中断控制

7) PERCFG &= ~0x01，将 USART0 的外设 I/O 映射到(　　)。

A. P0_2 和 P0_3　　B. P1_2 和 P1_3

C. P0_4 和 P0_5　　D. P1_4 和 P1_5

8) 使用 CC2530 的 UART0 串口发送数据"0x52"的正确语句是(　　)。

A. U0BUF = 0x52;　　B. U0DBUF = 0x52;

C. U1BUF = 0x52;　　D. U1DBUF = 0x52;

9) 使能 CC2530 芯片串口 0 接收中断的语句是(　　)。

A. IEN0 | = 0x04;　　B. IEN0 &= 0x04;

C. IEN0 | = 0x40;　　D. IEN0 &= 0x40;

10) 当 CC2530 单片机串口 0 接收到数据时，可用代码(　　)将接收到的数据存储到变量 temp 中。

A. temp = U0DBUF;　　B. temp = U1DBUF;

C. temp = SBUF0;　　D. temp = SBUF1;

2. 任务提升

1) 编程实现，通过定时器 1 中断方式，每隔 2 s 往串口发送字符串"Hello"。

2) 编写程序实现通过串口，ZigBee 模块按照设定的时间间隔不断地向计算机发送字符串"Hello ZigBee!"，每发送一次字符串消息，LED1 灯闪亮一次。

3) 编程实现，通过按键 SW1 控制串口数据发送，奇数次按下 SW1 按键，往串口发送"run mode"；偶数次按下 SW1 键，往串口发送"stop mode"。

3. 思考

1) 著名科学家宋叔和说："敏于观察，勤于思考，善于综合，勇于创新。"请依据所学说出生活中通过串口发送字符串的应用场景。

2)《老子·道德经》中说"千里之行，始于足下。"比喻事情是从头做起，从点滴的小事做起，逐步进行的。请在掌握本节知识的基础上查阅资料，拓展串口通信相关知识。

任务 2　串口发送指令控制 LED 灯

串口发送指令控制 LED 灯

任务描述

使用 PC 端的串口调试程序，通过串口向 ZigBee 模块发送指令，点亮 LED1~LED4 灯。发送 1 时，LED1 灯亮；发送 2 时，LED2 灯亮；发送 3 时，LED3 灯亮；发送 4 时，LED4 灯亮；发送 5 时，LED 全部熄灭。

任务目标

素质目标：

1）具备严谨求实、认真负责、踏实敬业的工作态度。

2）具有创新精神及探究意识。

知识目标：

1）掌握 UART 查询方式接收串口数据原理。

2）掌握 UART 中断方式接收串口数据原理。

能力目标：

1）能根据实际应用实现 UART 接收数据通信。

2）具备串口调试助手配置与应用能力。

3）具有在基础任务上进一步开发的能力。

任务分析

1. 知识分析

实现通过串口发送指令控制 LED 灯，必须理解 UART 发送及接收原理，清晰掌握 UART 查询和中断方式下如何接收串口数据。

2. 设备分析

实训任务在选择 ZigBee 实训模块基础上，还需选取 USB 转串口线对 ZigBee 模块与计算机进行连接，并通过串口调试助手进行调试。

3. 技能分析

实现通过串口发送指令控制 LED 灯，必须具备 UART 接收数据通信的能力，程序代码编译成功后，还需要具备串口助手调试配置能力，实现串口数据对 LED 灯的控制。

知识储备

UART 接收串口数据

(1)查询方式接收串口数据(先查后收)

程序查询方式是主机与外设间进行信息交换的最简单方式。查询法就是使串口一直处于等待的状态，查看串口上是否接收到数据，通过查看 TCON. URXxIF 的值。若不是 1，接收程序继续查询等待。若为 1，表示串口上有数据且串口上的数据已经接收完毕，软件编程将 TCON. URXxIF 的值清零，缓冲寄存器 UxDBUF 中的数据赋值给程序变量，完成数据接收。数据接收完毕后，就开始对接收的数据进行相应的操作。

在 UART 配置后，通过设置 UxCSR. RE 的值来控制串口接收器允许接收还是禁止接收。当 1 写入 UxCSR. RE 位时，在 UART 上数据接收就开始了。然后 UART 会在输入引脚 RXDx 中寻找有效起始位，并且设置 UxCSR. ACTIVE 位为 1。当检测出有效起始位时，收到的字节就传入接收寄存器，UxCSR. RX_BYTE 位设置为 1。该操作完成时，产生接收中断，同时 UxCSR. ACTIVE 变为低电平。

通过寄存器 UxDBUF 提供收到的数据字节，当 UxDBUF 读出时，UxCSR. RX_BYTE 位由硬件清零。

(2)中断方式接收串口数据(等待中断，在中断中接收)

中断方式是运用串口的中断服务程序(ISR)来完成的。如果串口上有值，那么就会调用相应的中断向量，中断向量则把程序指针指到相应的 ISR。对接收数据的操作在 ISR 中进行，ISR 完成之后，程序指针会跳回中断前的地方，继续进行刚才被中断的工作。

程序初始化时，通过设置 IEN0. URXxIE 的值为 1，使能 USARTx 的串口接收中断。CC2530 单片机在数据接收完毕后，中断标志位 TCON. URXxIF 被置 1，就产生串口接收数据中断。在中断处理函数中，对中断标志位 TCON. URXxIF 软件清零，缓冲寄存器 UxDBUF 中的数据赋值给程序变量，完成数据接收。

(3)查询方式与中断方式的区别

查询方式：反应速度慢，稳定性高。

中断方式：是一种硬件机制，反应速度快，要求电路板制作水平高，不易受干扰。

知识总结	自我评价

任务指导

任务 2-1　串口通信控制 LED 灯(查询方式)

1. 程序设计思路

1)任务流程如图 4-2-1 所示。

2)初始化 USART0 的各个寄存器，设置 USART0 的工作方式为 UART 模式，并将其波特率设置为 19 200 bit/s。

3)在主函数中设计指令控制语句，通过指令控制 LED 灯的亮灭。

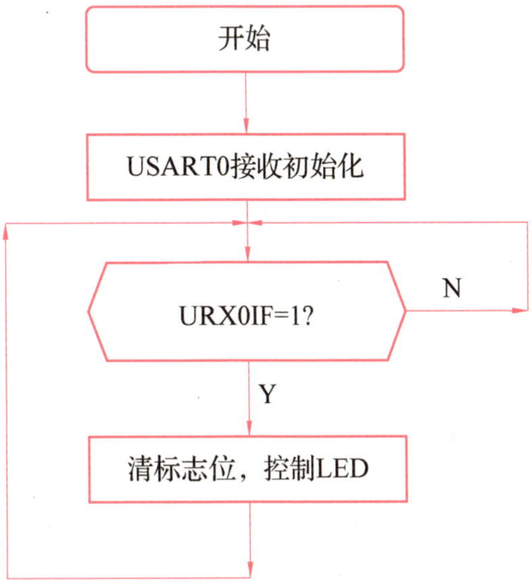

图 4-2-1　UATR 查询方式接收程序任务流程

2. 搭建开发环境

1)新建工作区，工作区名为：work5_3_1。

2)新建工程，工程名为：project5_3_1。

3)新建源程序文件，命名为 test5_3_1. c。

4)将 test5_3_1. c 文件添加到 project5_3_1 工程中。

5)按键 Ctrl+S 保存工作区。

6)配置工程选项，“Project”→“Options”→“General Options”，“Device”→“Texas Instruments”→“CC2530F256”。

7)配置 Linker，勾选“Override default”单选按钮。

8)配置 Debugger，“Debugger”→“Setup”→“Driver”→“Texas Instruments”。

3. 在编辑窗口设计程序

(1)准备工作

引入 CC2530 必要的头文件“iocc2530. h”，具体代码如下：

```
//**************************************************
#include <iocc2530.h>
#define LED1 P1_0
#define LED2 P1_1
#define LED3 P1_3
#define LED4 P1_4
```

(2)初始化串口配置

```
//***************串口初始化函数*********************
void initial_usart_rx()
{
```

```
  PERCFG = 0x00;     //USART0使用备用位置1,TX-P0_3,RX-P0_2
  P0SEL |= 0x3C;     //USART0使用位置1,设置相应引脚为片内外设 I/O 端口
  P2DIR &= ~0xC0;    //P0优先作为 UART 模式
  U0CSR |= 0xC0;     //选择 USART 通信为 UART 模式,允许接收
  U0GCR = 9;
  U0BAUD = 59;
  URX0IF = 0;
}
```

(3)设计主函数(两种指令控制语句实现指令控制)

```
//***************主函数*********************
void main(void)
{
  CLKCONCMD &=~ 0x7F;     //晶振选择为32 MHz
  while(CLKCONSTA&0x40); //等待晶振稳定
  CLKCONCMD &=~0x47;      //设置系统时钟频率为32 MHz
  initial_usart_rx();
  P1SEL&= ~0x1B;
  P1DIR |= 0x1B;
  P1 = 0x00;
  while(1)
  {
    if(URX0IF==1)
    {
      URX0IF = 0;
      /*串口调试助手中发送设置编码形式为 ASCII 时的语句*/
      switch(U0DBUF)//寄存器接收到的数据
      {
        case '1': LED1=1;  break;// '1'表示接收到的数据为字符,以下相同
        case '2': LED2=1; break;
        case '3': LED3=1; break;
        case '4': LED4=1; break;
        case '5': LED1=LED2=LED3=LED4=0; break;
        default: break;
      }
      /*串口调试助手中发送设置编码形式为 HEX 时的语句*/
      switch(U0DBUF)//寄存器接收到的数据
      {
        case 0x01: LED1=1;  break;//0x01表示接收到的数据为十六进制,以下相同
        case 0x02: LED2=1; break;
        case 0x03: LED3=1; break;
```

```
            case 0x04: LED4=1; break;
            case 0x05: LED1=LED2=LED3=LED4=0; break;
            default: break;
          }
        }
      }
    }
```

4. 编译、下载程序

1) 编译无误后，将 CC Debugger 与实验板相连，并连接到计算机。

2) 用 USB 转串口数据线把实验板连接到计算机。

3) 下载程序，打开串口调试助手，配置好相应串口号及波特率，选择发送设置，然后发送不同指令控制 LED 灯的亮灭状态，如图 4-2-2 所示。

图 4-2-2　串口发送指令控制 LED 灯

知识总结	自我评价

任务 2-2　串口通信控制 LED 灯(中断方式)

1. 程序设计思路

1)任务流程如图 4-2-3 所示。

2)初始化 USART0 的各个寄存器，设置 USART0 的工作方式为 UART 模式，并将其波特率设置为 19 200 bit/s。

3)设计串口接收中断服务函数，产生中断时通过指令控制 LED 灯的亮灭。

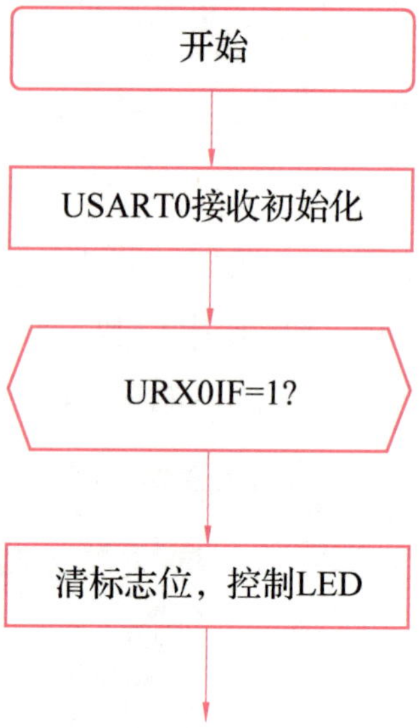

图 4-2-3　UATR 中断方式接收程序任务流程

2. 搭建开发环境

1)新建工作区，工作区名为：work5_3_2。

2)新建工程，工程名为：project5_3_2。

3)新建源程序文件，命名为 test5_3_2. c。

4)将 test5_3_2. c 文件添加到 project5_3_2 工程中。

5)按键 Ctrl+S 保存工作区。

6)配置工程选项，“Project”→“Options”→“General Options”，“Device”→“Texas Instruments”→“CC2530F256”。

7)配置 Linker，勾选“Override default”单选按钮。

8)配置 Debugger，“Debugger”→“Setup”→“Driver”→“Texas Instruments”。

3. 在编辑窗口设计程序

(1)准备工作

引入 CC2530 必要的头文件“iocc2530. h”，具体代码如下：

```
//****************************************************
#include"iocc2530.h"
#define LED1 P1_0
#define LED2 P1_1
#define LED3 P1_3
#define LED4 P1_4
```

(2)串口初始化配置

```
void initial_usart_tx()
{
  PERCFG = 0x00;     //USART0使用备用位置1,TX-P0_3 RX-P0_2
  P0SEL |= 0x3C;     //USART0使用位置1,设置相应引脚为片内外设 I/O 端口
  P2DIR &= ~0xC0;    //P0优先作为 UART 模式
  U0CSR |= 0xC0;     //UART 模式,允许接收
  U0GCR = 9;
```

```
  U0BAUD = 59;
  URX0IF = 0;
  IEN0 = 0X84;
}
```

(3)设计串口接收中断服务函数

```
//**************串口接收中断函数*****************
#pragma vector = URX0_VECTOR
__interrupt void UART0_ISR(void)
{
  URX0IF = 0;
  switch(U0DBUF)
  {
    case '1': LED1 = 1;break;//接收到的数据为字符,若接收的数据为十六进制,则为0x01
    case '2': LED2 = 1;break;
    case '3': LED3 = 1;break;
    case '4': LED4 = 1;break;
    case '5': LED1=LED2=LED3=LED4 = 0;break;
    default: break;
  }
}
```

(4)设计主函数

```
//**************主函数*****************
void main(void)
{
  CLKCONCMD &= 0x80;
  while(CLKCONSTA & 0x40);
  initial_usart_tx();
    P1SEL &= 0xE6;
    P1DIR |= 0x1B;
    P1 = 0x00;
    while(1);
}
```

3. 编写、分析、调试程序

1)编译无误后，将 CC Debugger 与 ZigBee 模块相连，并连接到计算机。(具体连接方式同任务 2)

2)用 USB 转串口数据线把 ZigBee 模块连接到计算机。(具体连接方式同任务 2)

3)下载程序，打开串口调试助手，配置好相应串口号及波特率，选择发送设置，然后发送不同指令控制 LED 灯的亮灭状态。

知识总结	自我评价

实训与评价

模拟电子温度计警报系统，通过串口，计算机向 ZigBee 模块发送温度指令，点亮 LED1 和 LED2 灯。发送的温度低于(包含)37 ℃，LED1 灯亮，LED2 灯灭；温度高于 37 ℃，LED1 灯灭，LED2 灯亮。(注：温度输入后以“#”号作为结束符)

1) 根据所学知识完成如下程序设计流程及职业素养评价：

程序设计流程及职业素养评价		提示	分数	评价
1	引用头文件，定义相关变量	定义 LED1 和 LED2 的相应端口及接收温度数据的变量	5	
2	端口及串口初始化配置	端口及串口相关寄存器配置	10	

续表

<table>
<tr><th colspan="2">程序设计流程及职业素养评价</th><th>提示</th><th>分数</th><th>评价</th></tr>
<tr><td rowspan="2">3</td><td>设计温度监测函数</td><td rowspan="2">温度传感器发送温度数据(37，并以#结尾)
↓第三次写入 ↓第二次写入 ↓第一次写入
↓# ↓7 ↓3
↓字符 ↓字符 ↓字符

#73// 数据寄存器

↓第三次读取 ↓第二次读取 ↓第一次读取
↓# ↓7 ↓3
↓字符 ↓字符 ↓字符</td><td rowspan="2">50</td><td rowspan="2"></td></tr>
<tr><td></td></tr>
<tr><td rowspan="2">4</td><td>主函数的编程</td><td rowspan="2">主函数的编程主要包括初始化函数的调用及温度监测函数的调用</td><td rowspan="2">10</td><td rowspan="2"></td></tr>
<tr><td></td></tr>
<tr><td>5</td><td>编译、链接程序</td><td></td><td>10</td><td></td></tr>
<tr><td>6</td><td>将 CC Debugger 仿真器的下载线连接到 ZigBee 模块电路，并用串口线连接 ZigBee 模块与计算机，测试程序功能</td><td></td><td>10</td><td></td></tr>
<tr><td>7</td><td>职业素养评价：设备轻拿轻放，摆放整齐；保持环境整洁；小组合作等方面</td><td></td><td>5</td><td></td></tr>
</table>

2）上机测试程序功能。

课后训练与提升

1. 课后训练

1)将 CC2530 的 UART1 接收到的数据读取到变量 dat 中的正确语句是(　　)。

A. dat = U1BUF;　　B. dat = U0BUF;

C. dat = U1DBUF;　　D. dat = U0DBUF;

2)使能 CC2530 的 UART0 串口的数据发送中断，正确语句是(　　)。

A. UTX0IE = 1;　　B. URX0IE = 1;

C. UTX0IF = 1;　　D. URX0IF = 1;

3)使能 CC2530 的 UART0 串口的数据接收完成中断，正确语句是(　　)。

A. UTX0IE = 1;　　B. URX0IE = 1;

C. UTX0IF = 1;　　D. URX0IF = 1;

4)当 CC2530 的 UART0 串口完成一个字节的接收后，中断标志位(　　)置 1。

A. URX0IE　　B. URX0IF　　C. UTX0IE　　D. UTX0IF

5)当 CC2530 的 UART0 串口开始一个字节发送后，中断标志位(　　)置 1。

A. URX0IE　　B. URX0IF　　C. UTX0IE　　D. UTX0IF

2. 任务提升

1)模拟红绿灯系统，ZigBee 模块上 LED1 代表绿灯，LED2 代表红灯，LED3 代表黄灯，绿灯亮 30 s 后，红灯亮 30 s，然后黄灯亮 3 s，以此循环。

计算机向 ZigBee 模块发送指令，发送 1，开启绿红黄灯循环工作模式；发送 2，结束上一循环模式，即绿红黄灯熄灭，开启红黄绿灯模式；发送 3，结束上一循环模式，即红黄绿灯熄灭，开启黄绿红灯模式。

2)模拟湿度传感器警报系统，通过串口，计算机向 ZigBee 模块发送湿度数据指令，点亮 LED1(绿灯)和 LED2(红灯)。湿度低于(包含)40%，LED1 灯亮，LED2 灯灭；湿度高于 40%，LED1 灯灭，LED2 灯亮。

3. 思考

(唐)韩愈《进学解》里说“业精于勤，荒于嬉；行成于思，毁于随。”意思是学业由于勤奋而专精，由于玩乐而荒废；德行由于独立思考而有所成就，由于因循随俗而败坏。请同学们在学习通过串口发送指令时，多思多想，勤于练习，正确理解掌握两种方式下通过串口发送指令的编程思想，并进行总结。

任务3　串口聊天室

串口聊天室

任务描述

ZigBee 模块通过串口向计算机发送字符串“What is your name?”，计算机接收到串口信息后，发送名字给 ZigBee 模块，并以#号作为结束符；ZigBee 模块接收到计算机信息后，再向计算机发送“Hello 名字”字符串。

任务目标

素质目标：

1）具备合作精神及良好的心理素质并善于沟通。

2）具备优良的职业道德修养，能遵守职业道德规范。

知识目标：

掌握 UART 发送与接收字符串综合性串口数据通信原理。

能力目标：

1）能根据实际应用实现 UART 串口聊天数据通信。

2）具备串口调试助手配置与应用能力。

3）具有在基础任务上进一步开发的能力。

任务分析

1. 知识分析

实现串口聊天室功能，必须完全理解 UART 发送及接收原理，清晰掌握 UART 如何通过串口发送与接收字符串数据实现聊天室功能。

2. 设备分析

实训任务在选择 ZigBee 实训模块基础上，还需选取 USB 转串口线对 ZigBee 模块与计算机进行连接，并通过串口调试助手进行调试。

3. 技能分析

实现串口聊天室功能，必须具备 UART 发送与接收数据通信的能力，程序代码编译成功后，还需要具备串口助手调试配置能力，实现通过串口进行聊天。

任务指导

1. 程序设计思路

1) 任务流程如图 4-3-1 所示。

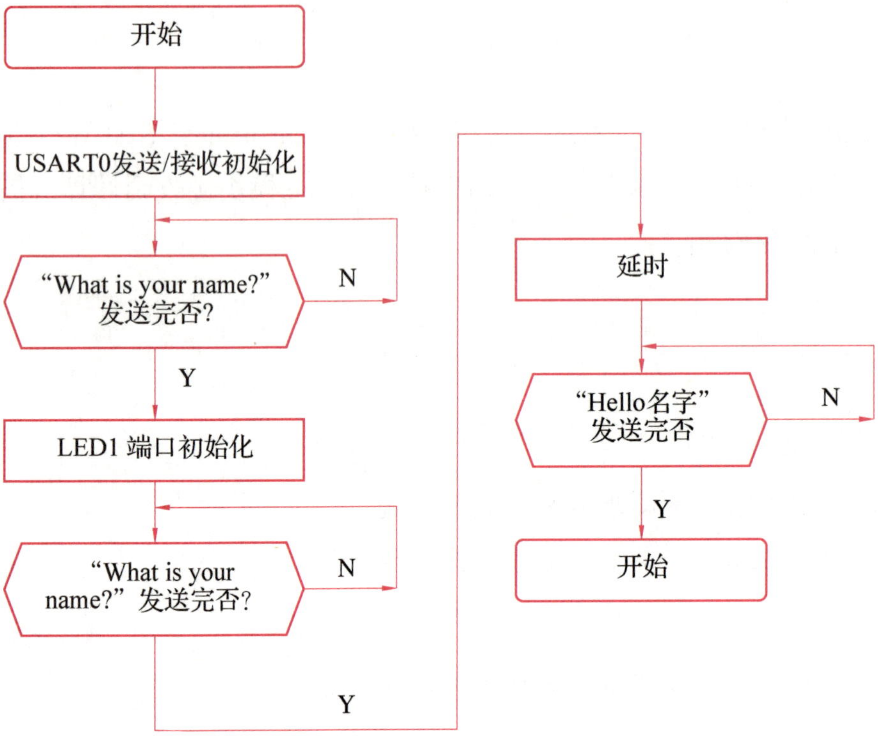

图 4-3-1　UATR 串口聊天程序任务流程

2) 初始化 USART0 的各个寄存器，设置 USART0 的工作方式为 UART 模式，并将其波特率设置为 19 200 bit/s，打开总中断及 USART0 RX 中断使能。

3) 设计字符串发送函数，在主函数调用字符串发送函数来发送"What is your name?"字符串，在中断服务函数中调用字符串发送函数发送 "Hello 名字"字符串。

4) 设计串口接收中断服务函数，产生中断时接收计算机发送的姓名，并发送相应的字符串。

2. 搭建开发环境

1) 新建工作区，工作区名为：work5_4。

2) 新建工程，工程名为：project5_4。

3) 新建源程序文件，命名为 test5_4. c。

4) 将 test5_4. c 文件添加到 project5_4 工程中。

5) 按键 Ctrl+S 保存工作区。

6) 配置工程选项，"Project"→"Options"→"General Options"，"Device"→"Texas Instruments"→"CC2530F256"。

7) 配置 Linker，勾选"Override default"单选按钮。

8）配置 Debugger，"Debugger"→"Setup"→"Driver"→"Texas Instruments"。

3. 在编辑窗口设计程序

（1）准备工作

引入 CC2530 必要的头文件"iocc2530. h"，定义相关变量及延时函数，具体代码如下：

```
//***********************************************
#include <iocc2530.h>
char data[]="What is your name?\n";//发送缓冲区
char name_string[20];
unsigned char counter = 0;
void delay(unsigned int i) //延时函数
{
  unsigned int j,k;
  for( j=0; j<i;j++)
  {
    for(k=0;k<500;k++);
  }
}
```

（2）串口初始化配置

```
//**************串口初始化函数*******************
void initial_usart_tx()//初始化定时器1
{
  PERCFG = 0x00;
  P0SEL |= 0x3C;
  P2DIR &= ~0xC0;
  U0CSR |= 0xc0;
  U0GCR = 9;
  U0BAUD = 59;
  UTX0IF = 0;
  URX0IF = 0;
  IEN0=0x84;//总中断使能,接收中断使能
}
```

（3）设计字符串发送函数

```
//**************字符串发送函数*****************
void uart_tx_string(char *data_tx,int len)
{
  unsigned int j;
  for(j=0;j<len;j++)
  {
```

```
    U0DBUF=*data_tx++;
    while(UTX0IF==0);//等待发送完成
    UTX0IF = 0;//清除串口发送标志位
  }
}
```

(4)设计串口接收中断服务函数

```
//**************串口接收中断服务函数****************
#pragma vector = URX0_VECTOR
__interrupt void UART0_RX_ISR(void)
{
  URX0IF = 0;
  if(U0DUBF!='#')
  {
    name_string[counter++]= U0DUBF;
  }else{
    U0CSR &= ~0x40;//禁止接收
    uart_tx_string("Hello",sizeof("Hello"));
    delay(1000);
    uart_tx_string(name_string,sizeof(name_string));
    counter = 0;
    U0CSR |= 0x40;//允许接收
  }
}
```

(5)设计主函数

```
//**************主函数****************
void main(void)
{
  CLKCONCMD &= 0x80;//晶振选择为32 MHz
  while(CLKCONSTA&0x40);//等待晶振稳定
  initial_usart_tx();
  uart_tx_string(data,sizeof(data));
  while(1);
}
```

4. 编译、下载程序

1)编译无误后，将 CC Debugger 与 ZigBee 模块相连，并连接到计算机。(具体连接方式同本模块任务 1)

2)用 USB 转串口数据线把 ZigBee 模块连接到计算机。(具体连接方式同本模块任务 1)

3)下载程序，打开串口调试助手，配置好相应串口号及波特率，在串口调试助手发送数据窗口输入名字，并以#结尾，单击“发送”按钮或按回车键，立刻在串口调试助手接收信息窗口看到“Hello ZigBee”字符串，如图 4-3-2 所示。

图 4-3-2　串口接收与发送

知识总结	自我评价

实训与评价

通过串口，计算机向 ZigBee 模块发送指令控制 LED1～LED4 灯的亮灭。计算机向 ZigBee 模块发送 1，点亮 LED1，同时 ZigBee 模块向计算机发送“ The LED1 is Open!”，以此类推。

1——LED1 灯点亮——“ The LED1 is Open!”

2——LED2 灯点亮——“ The LED2 is Open!”

3——LED3 灯点亮——“ The LED3 is Open!”

4——LED4 灯点亮——“ The LED4 is Open!”

5——LED1、LED2、LED3、LED4 灯熄灭——“ All LED are Closed!”

1）根据所学知识完成如下程序设计流程及职业素养评价：

程序设计流程及职业素养评价		提示	分数	评价
1	引用头文件，定义相关变量	定义 LED1、LED2、LED3、LED4 的相应端口及相关字符数组	5	
2	端口及串口初始化配置	端口及串口相关寄存器设置	10	
3	设计字符串发送函数	在通过串口 UART0 发送字符串的函数中，循环逐个发送字符，通过判断是否遇到字符串长度结束标志控制循环	25	
4	设计中断服务函数	串口中断服务函数	25	

续表

程序设计流程及职业素养评价		提示	分数	评价
5	主函数的编程	主函数的编程主要包括初始化函数的调用	10	
6	编译、链接程序		10	
7	将 CC Debugger 仿真器的下载线连接到 ZigBee 模块电路，并用串口线连接 ZigBee 模块与计算机，测试程序功能		10	
8	职业素养评价：设备轻拿轻放，摆放整齐；保持环境整洁；小组合作等方面		5	

2) 上机测试程序功能。

课后训练与提升

1. 课后训练

1) CC2530 的串行通信接口工作模式分为________模式和________模式。

2) 设置 CC2530 串行接口外设 I/O 引脚映射位置的寄存器是________。

3) 当 USART0 串行接口 0 完成一个字节接收后，标志位________置 1。

4) 当 USART1 串行接口 1 开始一个字节发送后，标志位________置 1。

5) 将数据“0x17”通过串口 0 发送出去的 C 语言代码是________________。

6) 将串口 0 接收到的数据读出存放到变量 data 中的 C 语言代码是________________。

2. 任务提升

1) 通过串口通信技术模拟门禁管理系统中的门禁识别功能(密码开锁)，ZigBee 模块通过串口向计算机发送字符串“Please enter password”，计算机接收到串口信息后，发送密码给 ZigBee 并以“#”结束，ZigBee 接收后判断密码是否与设定密码相同，正确则向计算机发送字符串“Open the door”，否则再次发送“Please enter password”，并依次循环。

2)通过串口通信技术实现账号注册功能，ZigBee 向计算机发送“username”，PC 接收到信息后，输入要注册的用户名并发送给 ZigBee；ZigBee 向计算机发送“password”，PC 接收到信息后，输入要注册的密码并发送给 ZigBee。最后 ZigBee 提示“success”并返回注册的“username”和“password”。

3. 思考

《论语·述而》：“子曰：文，莫吾犹人也；躬行君子，则吾未之有得。”意思是孔子认为自己在学习上和别人差不多，但要像君子那样实践施行，那还差得远。说明了学以致用具有一定的挑战性。请同学们结合所学知识，查阅资料，将知识应用于实践中。

模块五

CC2530 单片机的 ADC 工作原理与应用

随着数字技术、信息技术的飞速发展与应用，在现代控制、通信及检测等领域，为了提高系统的性能指标，对信号的处理广泛采用了数字计算机技术。由于系统的实际对象往往是模拟量(如温度、压力、光照强度、烟雾浓度等)，而要使计算机或数字仪表能识别，处理这些信号，首先必须将这些模拟量转换成数字量。此外经过计算机分析、处理后输出的数字量也往往需要将其转换为相应的模拟量才能为执行机构所接受。因此，就需要一种能在模拟量与数字量之间起桥梁作用的器件——模-数转换器(ADC)和数-模转换器(DAC)。CC2530 单片机的 ADC 模块就起到了将传感器采集到的模拟量转换成数字量的作用。

知识导读

本模块主要内容是学习 CC2530 单片机 ADC 工作原理与应用。共由两个任务构成，分别是 CC2530 片内温度测量和测量外部电压值。以 ZigBee 实训模块上 CC2530 单片机为开发对象，学习 CC2530 的 ADC 模块工作原理、ADC 模块信号输入及其相关概念，会应用 IAR 软件编写、编译、链接、下载、调试程序，并会利用串口调试工具及 CC Debugger 进行演示仿真。

精彩内容

任务 1　CC2530 片内温度测量

任务 2　测量外部电压值

任务 1 CC2530 片内温度测量

CC2530 片内温度测量

任务描述

测量 ZigBee 模块上 CC2530 片内温度传感器数值，将 ZigBee 实训模块和温度/光照传感器模块都固定在 NEWLab 平台上，用导线把 ZigBee 模块上 ADC0 和温度传感器模块上的电位器分压端(J10)连接起来。由于电路限制，J10 端电压范围 0.275～3.025 V。要求 ADC 采用单端输入方式，选择内部参考电压，12 位分辨率。测量值通过串口发送到计算机端，串口波特率设置为 19 200 bit/s。

任务目标

素质目标：

1)具备自主学习能力。

2)具备劳动精神及工匠精神。

知识目标：

1)理解 ADC 的工作原理。

2)理解 CC2530 ADC 模块的主要特征。

3)掌握 CC2530 芯片 ADC 相关寄存器的设置及应用。

4)理解片内温度测量的工作过程。

能力目标：

1)能够设置 ADC 相关寄存器及其初始化配置。

2)能够将采集到的内部温度传感器信息通过串口发送进行显示。

任务分析

1. 知识分析

测量 CC2530 片内温度，必须理解 ADC 的工作原理及 CC2530 中 ADC 模块的工作原理及其相关寄存器的设置。

2. 设备分析

实训任务选择 ZigBee 实训模块，如图 5-1-1 所示，要求将 ZigBee 模块 JP2 拨至左侧，即

J9。明确 CC2530 单片机 ADC 模块的工作过程。

3. 技能分析

测量 CC2530 片内温度，必须会运用 IAR 软件进行编程，并能够编译、链接、调试程序；会利用 CC Debugger 仿真器，将仿真器的下载线连接到 ZigBee 实训模块与计算机，通过串口调试器进行仿真演示。

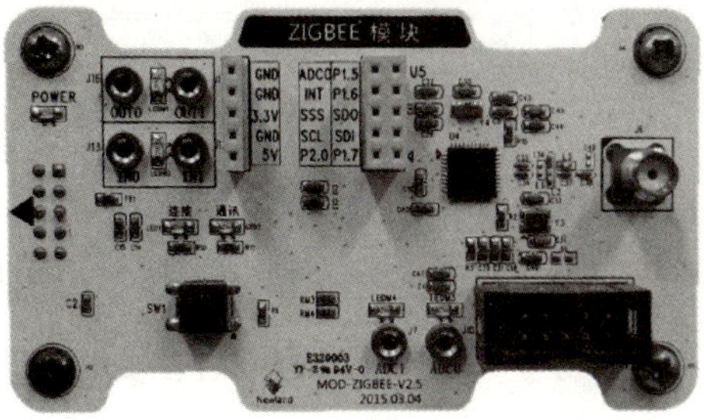

图 5-1-1 ZigBee 实训模块

知识储备

初始化 ADC

一、电信号

电信号是指随着时间而变化的电压或电流，因此在数学描述上可将它表示为时间的函数，并可画出其波形。信息通过电信号进行传送、交换、存储、提取等。由于非电的物理量可以通过各种传感器较容易地转换成电信号，而电信号又容易传送和控制，所以电信号成为应用最广的信号。

电子电路中的信号均为电信号，一般也简称为信号。电信号的形式是多种多样的，可以从不同的角度进行分类。根据信号的随机性可以分为确定信号和随机信号；根据信号的周期性可分为周期信号和非周期信号；根据信号的连续性可以分为连续时间信号和离散信号；在电子线路中将信号分为模拟信号和数字信号。

1. 模拟信号

在时间上或数值上都是连续的物理量称为模拟量。把表示模拟量的信号叫模拟信号。如温度、湿度、压力、长度、电流和电压等都是模拟信号，它在一定时间范围内可以有无限多个不同的取值。把工作在模拟信号下的电子电路叫模拟电路。

2. 数字信号

在时间上和数量上都是离散的物理量称为数字量。把表示数字量的信号叫数字信号。把工作在数字信号下的电子电路叫数字电路。模拟量是连续的量，数字量是不连续的量。

数字信号的特点：

1）一般采用二进制，因此凡元件具有的两个稳定状态都可用来表示二进制（如“高电平”和“低电平”），故其基本单元电路简单，对电路中各元件精度要求不是很严格，允许元件参数有较大的分散性，只要能区分两种截然不同的状态即可。这一特点，对实现数字电路集成化是十分有利的。

2）抗干扰能力强，精度高。由于加工和处理的是二值信息，不易受外界的干扰，因而抗干扰能力强。

3）数字信号便于长期存储，使大量可贵的信息资源得以保存。

二、模拟-数字(A/D)转换(ADC)

1. ADC 的概念

在物联网技术应用的传感层中，各种被测控的物理量(如速度、压力、温度、光照强度、磁场等)是一些连续变化的物理量，则传感器将这些物理量转换成与之相对应的电压和电流就是模拟信号。单片机系统只能接收数字信号，要处理这些信号就必须利用转换系统把这些模拟信号转换成数字信号，我们称之为模拟-数字转换，简写为 ADC。模拟-数字转换是数字测控系统中必需的信号转换。

2. ADC 工作原理

ADC 的基本工作原理如图 5-1-2 所示。

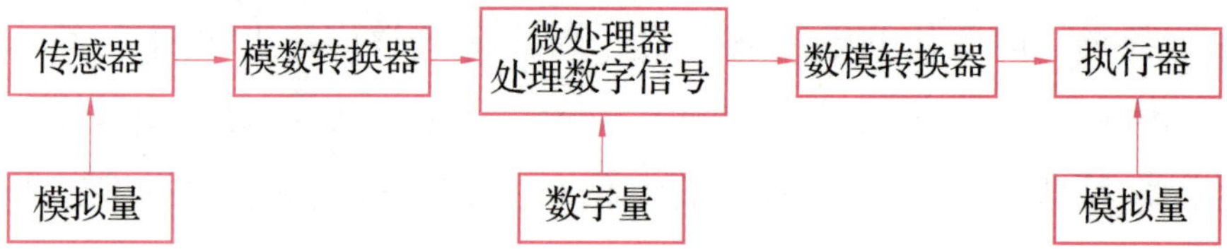

图 5-1-2　ADC 的基本工作原理

ADC 一般经过采样、保持、量化和编码 4 个过程，如图 5-1-3 所示。

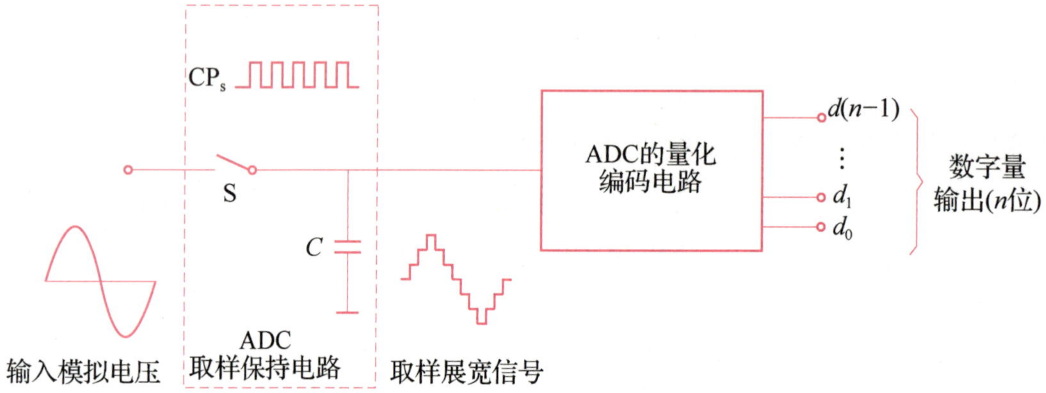

图 5-1-3　ADC 过程

采样：是指用每隔一定时间的信号样值序列来代替原来在时间上连续的信号，也就是在时间上将模拟信号离散化，所以采样输出是断续的窄脉冲。

保持：要把一个采样输出信号数字化，需要将采样输出所得的瞬时模拟信号保持一段时间，这就是保持。

量化：是用有限个幅度值近似原来连续变化的幅度值，把模拟信号的连续幅度变为有限数量的有一定间隔的离散值。

编码：则是按照一定的规律，把量化后的值用二进制数字表示。

总之，将模拟信号转换成数字信号的过程实际就是：采样在时间轴上对信号数字化；保持将采样所得数字化信号稳定；量化在幅度值上对信号数字化，编码按一定格式记录采样和量化后的数字数据。

知识总结	自我评价

三、CC2530 的 ADC 模块

CC2530 的 ADC 模块支持最高 14 位二进制的模拟数字转换，具有多达 12 位的 ENOB(有效数据位)。它包括一个模拟多路转换器(具有多达 8 个各自可配置的通道)以及一个参考电压发生器。CC2530 的 ADC 结构如图 5-1-4 所示，转换结果可以通过 DMA 写入存储器，也可以直接读取 ADC 寄存器获得。

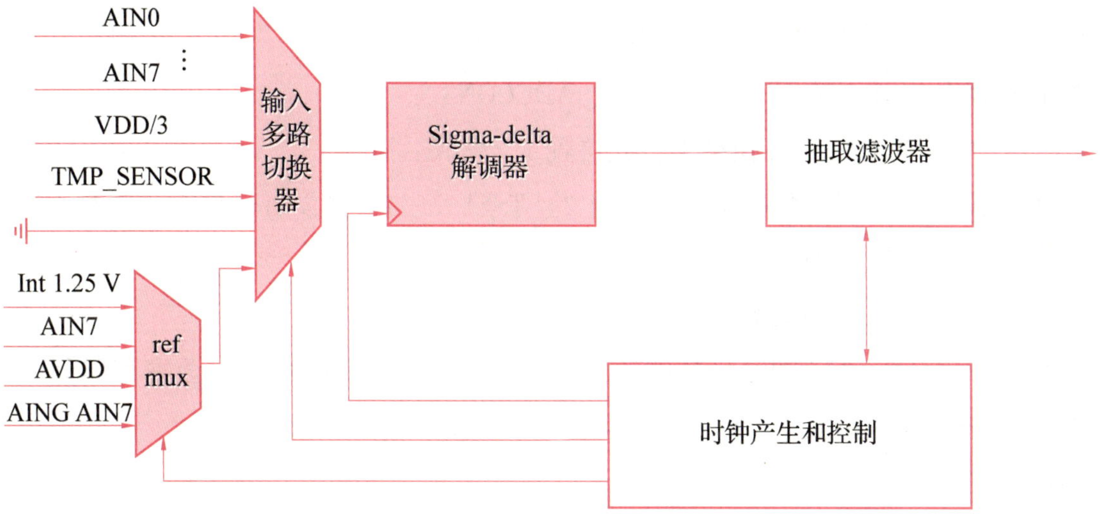

图 5-1-4　CC2530 的 ADC 结构

CC2530 的 ADC 模块有如下主要特征：

1) 可选取的抽取率，设置分辨率(7~12 位)；

2) 8 个独立的输入通道，可接收单端或差分信号；

3) 参考电压可选为内部单端、外部单端、外部差分或 AVDD5；

4) 单通道转换结束可产生中断请求；

5）序列转换结束可发出 DMA 触发；

6）可将片内温度传感器作为输入；

7）电池电压测量功能；

8）ADC 模块的采样频率为 4 MHz。

知识总结	自我评价

四、ADC 相关寄存器

与 ADC 相关的寄存器主要有：

1）转换数据寄存器：ADCH、ADCL。

ADCH：ADC 转换结果的高 8 位。

ADCL[7:2]：ADC 转换结果的低 6 位。

2）控制寄存器：ADCCON1、ADCCON2、ADCCON3。

ADCCON1 的 EOC：一个转换结束，此位置 1，读取后清零。

ADCCON1 的 ST：此位置 1 且 ADCCON1 的 STSEL 为 11，且没有转换在运行时，启动一个转换序列；该序列结束，此位清零。

ADCCON2 寄存器：控制转换序列的执行。

ADCCON3 寄存器：控制单个转换的通道号码，参考电压和抽取率；该寄存器写入后立即生效，或在当前转换序列执行结束后立即生效。

3）端口配置寄存器：APCFG。

当使用 ADC 时，端口 0 引脚必须配置为 ADC 输入，可以使用多达 8 个 ADC 输入引脚，要配置一个端口 0 引脚为一个 ADC 输入，APCFG 寄存器中相应位必须设置为 1。APCFG 寄存器的设置将覆盖 P0SEL 的设置。

4）测试寄存器：TR0；模拟测试控制寄存器：ATEST。

除了输入引脚 AIN0~AIN7，片上温度传感器的输出也可以选择作为 ADC 的输入，用于温度测量，为此必须设置寄存器 TR0 和 ATEST。

各寄存器如表 5-1-1~表 5-1-4 所示。

表 5-1-1　转换数据寄存器：ADCH、ADCL

ADCL(0xBA)——ADC 数据低位				
位	名称	复位	读/写	描述
7:2	ADC[5:0]	000000	R	ADC 转换结果的低位部分
1:0	—	0	R0	没有使用，读出来一直是 0
ADCH(0xBB)——ADC 数据高位				
位	名称	复位	读/写	描述
7:0	ADC[13:6]	0x00	R	ADC 转换结果的高位部分

表 5-1-2　控制寄存器：ADCCON1、ADCCON2、ADCCON3

ADCCON1(0xB4)——ADC 控制 1				
位	名称	复位	读/写	描述
7	EOC	0	R/H0	转换结束。当 ADCH 被读取时清除。如果读取前一数据之前已完成一个新的转换，EOC 位仍然为高。 0：转换没有完成　　1：转换完成
6	ST	0	R/W	开始转换。读为 1，直到转换完成。 0：没有转换正在进行 1：如果 ADCCON1. STSEL = 11，并且没有序列正在运行就启动一个转换序列
5:4	STSEL[1:0]	11	R/W1	启动选择。选择该事件，将启动一个新的转换序列。 00：P2_0 引脚的外部触发 01：全速，不等待触发器 10：定时器 1 通道 0 比较事件 11：ADCCON1. ST = 1
3:2	RCtrl[1:0]	00	R/W	控制 16 位随机数发生器。写 01 时，当操作完成时设置将自动返回到 00。 00：正常运行(13X 型展开) 01：LFSR 的时钟一次(没有展开) 10：保留 11：停止，关闭随机数发生器
1:0	—	11	R/W	保留。一直设为 11

续表

ADCCON2(0xB5)——ADC 控制 2				
位	名称	复位	读/写	描述
7:6	SREF[1:0]	00	R/W	选择参考电压用于序列转换 00：内部参考电压 01：AIN7 引脚上的外部参考电压 10：AVDD5 引脚 11：AIN6~AIN7 差分输入外部参考电压
5:4	SDIV[1:0]	00	R/W	为包含在转换序列内的通道设置抽取率。抽取率也决定完成转换需要的时间和分辨率。 00：64 抽取率(7 位 ENOB) 01：128 抽取率(9 位 ENOB) 10：256 抽取率(10 位 ENOB) 11：512 抽取率(12 位 ENOB)
3:0	SCH[3:0]	0000	R/W	序列通道选择。选择序列结束。一个序列可以是从 AIN0 到 AIN7（SCH<=7）也可以从差分输入 AIN0~AIN1 到 AIN6~AIN7(8<=SCH<=11)。对于其他的设置，只能执行单个转换。 当读取时，这些位将代表有转换进行的通道号码。 0000：AIN0 0001：AIN1 0010：AIN2 0011：AIN3 0100：AIN4 0101：AIN5 0110：AIN6 0111：AIN7 1000：AIN0-AIN1 1001：AIN2-AIN3 1010：AIN4-AIN5 1011：AIN6-AIN7 1100：GND 1101：正电压参考 1110：温度传感器 1111：VDD/3

续表

ADCCON3(0xB6)——ADC 控制 3				
位	名称	复位	读/写	描述
7:6	EREF[1:0]	00	R/W	选择用于额外转换的参考电压。 00：内部参考电压 01：AIN7 引脚上的外部参考电压 10：AVDD5 引脚 11：在 AIN6～AIN7 差分输入的外部参考电压
5:4	EDIV[1:0]	00	R/W	设置用于额外转换的抽取率。抽取率也决定了完成转换需要的时间和分辨率。 00：64 抽取率(7 位 ENOB) 01：128 抽取率(9 位 ENOB) 10：256 抽取率(10 位 ENOB) 11：512 抽取率(12 位 ENOB)
3:0	ECH[3:0]	0000	R/W	单个通道选择。选择写 ADCCON3 触发的单个转换所在的通道号码。 当单个转换完成，该位自动清除。 0000：AIN0 0001：AIN1 0010：AIN2 0011：AIN3 0100：AIN4 0101：AIN5 0110：AIN6 0111：AIN7 1000：AIN0-AIN1 1001：AIN2-AIN3 1010：AIN4-AIN5 1011：AIN6-AIN7 1100：GND 1101：正电压参考 1110：温度传感器 1111：VDD/3

表 5-1-3 APCFG(0X12)——模拟外设端口配置寄存器

位	名称	复位	读/写	描述
7:0	APCFG[7:0]	0x00	R/W	模拟外设 I/O 配置。APCFG[7:0]选择 P0.7～P0.0 作为模拟 I/O 0：模拟 I/O 禁用　　1：模拟 I/O 使能

表 5-1-4 测试寄存器 TR0 和模拟测试控制寄存器 ATEST

TR0(0x624B)——测试寄存器				
位	名称	复位	读/写	描述
7:1	APCFG[7:0]	0000 000	R0	保留。写作 0
0	ACTM	0	R/W	设置为 1 来连接温度传感器到 SOC_ADC。也可参见 ATEST 寄存器描述来使能
ATEST(0x61BD)——模拟测试控制				
位	名称	复位	读/写	描述
7:6	—	00	R0	保留位，读为 0
5:0	ATEST_CTRL[5:0]	00 0000	R/W	控制模拟测试模式： 00 0001：使能温度传感器，其他值保留

五、ADC 模块的信号输入

端口 0 引脚可以配置为 ADC 输入端，依次为 AIN0～AIN7。

1)输入端可配置为单端输入或差分输入。

2)差分输入对：AIN0～AIN1、AIN2～AIN3、AIN4～AIN5、AIN6～AIN7。

3)片上温度传感器的输出也可以作为 ADC 的输入用于测量芯片的温度。

4)可以将一个对应 AVDD5/3 的电压作为 ADC 的输入，实现电池电压测量。

5)负电压和大于 VDD 的电压都不能用于 P0 这些引脚。

6)单端电压输入 AIN0～AIN7，以通道号码 0～7 表示。

7)四个差分输入对则以通道 8～11 表示。

8)温度传感器的通道号码为 14。

9)AVDD5/3 电压输入的通道号码为 15。

六、ADC 中的相关概念

1. 序列 ADC 转换

可以按序列进行多通道的 ADC 转换，并把结果通过 DMA 传送到存储器，而不需要 CPU 的任何参与。

2. 单通道 ADC 转换

在程序设计中，通过写 ADCCON3 寄存器触发单通道 ADC 转换，一旦寄存器被写入，转换立即开始。

3. 参考电压

内部生成的电压、AVDD5 引脚、适用于 AIN7 输入引脚的外部电压，或者适用于 AIN6～AIN7 输入引脚的差分电压。

4. ADC 的转换结果与中断

1）转换结果以二进制补码形式表示。对于单端，结果总是正的。对于差分配置，两个引脚之间的差分被转换，可以是负数。

2）当 ADCCON1. EOC 设置为 1 时数字转换结果可以读取，其转换结果存放在 ADCH 和 ADCL 寄存器中有效数字字段中。

5. 中断请求

1）通过写 ADCCON3 触发一个单通道转换完成时，将产生一个中断。

2）完成一个序列转换时，ADC 将产生一个 DMA 触发，而不产生中断。

知识总结	自我评价

七、初始化 ADC

初始化 ADC 的基本过程：

1. 配置 APCFG 寄存器

1）当使用 ADC 时，端口 0 的引脚必须配置为 ADC 模拟输入。

2）要配置一个端口 0 引脚为一个 ADC 输入，APCFG 寄存器中相应的位必须设置为 1。这个寄存器的默认值是 0，选择端口 0 为非模拟输入，即作为数字 I/O 端口。

3）注意：APCFG 寄存器的设置将覆盖 P0SEL 的设置。

4）APCFG 模拟 I/O 配置寄存器，如表 5-1-5 所示。

表 5-1-5　APCFG 模拟 I/O 配置寄存器

位	名称	复位	读/写	描述
7:0	APCFG[7:0]	0x00	R/W	选择 P0_7～P0_0 作为模拟 I/O 0：模拟 I/O 禁用　　1：模拟 I/O 禁用

2. 配置 ADCCON3 寄存器

单通道的 ADC 转换，只需要将控制字写入 ADCCON3 寄存器即可。

ADC 初始化程序如下：

```
//**************************************************************
void initial_ADC()
{
  APCFG |= 0X01;          //设置 P0_0端口为模拟端口
  P0SEL |= 0X01;          //设置 P0_0端口为外设功能
  P0DIR &= ~0X01;         //设置 P0_0端口为输入方向
  ADCCON3 =0xB0;          //13位分辨率(512抽取率)avdd5:3.3 V,通道0,启动 AD 转换
  //ADCCON3 =0xA0;        //11位分辨率(256抽取率)avdd5:3.3 V,通道0,启动 AD 转换
  // ADCCON3 =0x90;       //9位分辨率(128抽取率)avdd5:3.3 V,通道0,启动 AD 转换
  //ADCCON3 =0x80;        //7位分辨率(64抽取率)avdd5:3.3V, 通道0,启动 AD 转换
}
```

任务指导

1. 搭建开发环境

1）新建工作区，工作区名为：work5_1。

2）新建工程，工程名为：project5_1。

3）新建源程序文件，命名为 test5_1. c。

4）将 test5_1. c 文件添加到 project5_1 工程中。

5）按键 Ctrl+S 保存工作区。

6）配置工程选项，“Project”→“Options”→“General Options”，“Device”→“Texas Instruments”→“CC2530F256”。

7）配置 Linker，勾选“Override default”单选按钮。

8）配置 Debugger，“Debugger”→“Setup”→“Driver”→“Texas Instruments”。

2. 在编辑窗口设计程序

(1)准备工作

引入 CC2530 必要的头文件“iocc2530. h”，定义相关变量等。

```
//**************************************************
#include <iocc2530.h>
char name[]="测试 CC2530片内温度传感器!\n";
char data[20];
```

(2)设计延时函数

任务中通过串口发送片内温度测量值时，需要每隔一段时间发送一次，因此在程序设计中引入延时函数。

```
//******************延时函数******************
void delay(unsigned int i)
{
  unsigned int j,k;
  for(k=0;k<i;k++)
  {
    for(j=0;j<500;j++);
  }
}
```

(3)设计串口初始化函数及串口发送函数

串口的初始化函数及串口发送数据函数借鉴模块四。

```
//****************串口初始化函数****************
void initial_usart()
{
  CLKCONCMD &= ~0x7F;          //晶振设置为32 MHz
  while(CLKCONSTA & 0x40);     //等待晶振稳定
  CLKCONCMD &= ~0x47;          //设置系统主时钟频率为32 MHz
  PERCFG = 0x00;               //USART0使用备用位置1 TX-P0_3 RX-P0_2
  P0SEL |=0x3C;                //P0_2,P0_3,P0_4,P0_5用于外设功能
  P2DIR &= ~0xC0;              //P0优先作为 UART 方式
  U0CSR |= 0xC0;               //UART 模式 允许接收
  U0GCR = 9;
  U0BAUD = 59;                 //波特率设为19 200 bit/s
  URX0IF = 0;                  //UART0 tx 中断标志位清零
}
//*************串口发送函数*************
void uart_tx_string(char *data_tx,int len)
{
```

```
  unsigned int j;
  for(j=0;j<len;j++)
  {
    U0DBUF = *data_tx++;
    while(UTX0IF == 0);
    UTX0IF = 0;
  }
}
```

(4)设计片内温度采样函数

```
//*****************片内温度采样函数****************
float getTemperature(void)
{
  signed short int value;
  ADCCON3 = 0x3E;                    //选择内部参考电压,12位分辨率,对片内温度传感器采样
  ADCCON1 |= 0x30;                   //选择 ADC 的启动模式为手动
  ADCCON1 |= 0x40;                   //启动 AD 转换
  while(!(ADCCON1 & 0x80));          //等待 ADC 转换结束
  value = ADCL >> 2;
  value |= ((int)ADCH << 6);         //8位转为16位,后补6个0,得最终转换结果,存入 value 中
  if(value < 0) value = 0;           // 若 value<0,就认为它为0
  return value*0.06229 - 348.2;      //根据公式计算出温度值
}
```

(5)设计主函数

```
//*******************主函数*********************
void main(void)
{
  unsigned char i;
  float avgTemp;
  initial_usart();                         //调用 UART 初始化函数
  uart_tx_string(name,sizeof(name));       //发送串口数据
  TR0=0x01;                                //连接温度传感器到 SOC_ADC
  ATEST=0x01;                              //使能温度传感器
  while(1)
  {
    avgTemp=getTemperature();
    for(i=0;i<64;i++)                      //连续采样64次,并计算出平均值
    {
      avgTemp+=getTemperature();
      avgTemp=avgTemp/64;
```

```
        }
        data[0]=(unsigned char)(avgTemp)/10+0x30;          //十位
        data[1]=(unsigned char)(avgTemp)% 10+0x30;         //个位
        data[2]='.';                                        //小数点
        data[3]=(unsigned char)(avgTemp*10)% 10+0x30;      //十分位
        data[4]=(unsigned char)(avgTemp*100)% 10+0x30;     //百分位
        uart_tx_string(data,5);
        uart_tx_string("℃ \n",3);                          //在计算机上显示温度值和℃符号
        delay(10000);                                       //延时
    }
}
```

3. 编译、分析、调试程序

编译、下载程序。编译无错后，将 CC Debugger 与 ZigBee 模块相连，并分别连接到计算机，下载程序。打开串口调试器，在串口上可看到，每隔一定时间，显示一次温度值，如图 5-1-5 所示。

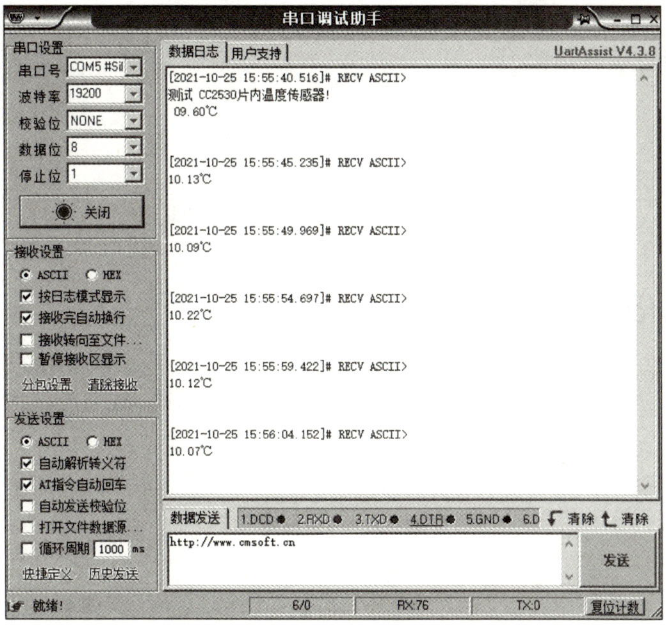

图 5-1-5　CC2530 片内温度测量

知识总结	自我评价

实训与评价

ADC 采用单端输入方式，选择内部参考电压，9 位分辨率。将 ZigBee 实训模块和温度/光照传感器模块都固定在 NEWLab 平台上，用导线把 ZigBee 模块上 ADC0 和温度传感器模块上的电位器分压端(J10)连接起来。由于电路限制，J10 端电压范围为 0.275~3.025 V。串口波特率设置为 57 600 bit/s。

1)根据所学知识完成如下程序设计流程及职业素养评价：

程序设计流程及职业素养评价		提示	分数	评价
1	引用头文件，定义相关变量		5	
2	设计延时函数		5	
3	设计串口初始化函数及串口发送函数	端口及串口相关寄存器设置，注意波特率的设置	20	
4	设计片内温度采样函数	ADC 初始化及片内温度值的计算	30	
5	设计主函数	初始化函数的调用，串口发送温度值	20	

续表

程序设计流程及职业素养评价		提示	分数	评价
6	编译、链接程序		10	
7	将 CC Debugger 仿真器的下载线连接到 ZigBee 模块电路，并用串口线连接 ZigBee 模块与计算机，测试程序功能		5	
8	职业素养评价：设备轻拿轻放，摆放整齐；保持环境整洁；小组合作等方面		5	

2）测试程序功能。

课后训练与提升

1. 选择题

1）CC2530 单片机的单个 ADC 中，通过写入（　　）寄存器可以触发一个转换。

A. ADCCON1　　B. ADCCON2　　C. ADCCON3　　D. ADCCON4

2）CC2530 单片机模块中，关于 ADC 说法错误的是（　　）。

A. P0 端口组可配置 8 路单端输入

B. P0 端口组可配置 4 对差分输入

C. 片上温度传感器的输出不能作为 ADC 输入

D. TR0 寄存器用来连接片上温度传感器

3）在 CC2530 中，对于 APCFG 寄存器说法正确的是（　　）。

A. 通过对 APCFG 的设置，可以确定 0 端口组中某个端口位是否使用模拟外设功能

B. 当有 APCFG | =0x03 时，是单端输入

C. 当有 APCFG &=0x03 时，是差分输入

D. 其他选项都是错误的

4）在 CC2530 中，如果采用单通道 ADC，需要的操作说法正确的是（　　）。

A. 可以不指定参考电压

B. 可以不指定抽取率

C. 可以不指定输入口

D. ADCCON3 一旦写入控制字，就会启动转换

2. 任务提升

采用 ZigBee 实训模块和温度/光照传感器模块，ADC 在不同分辨率、单端、差动输入不同的条件下，测量温度/光照传感模块上的电位器(VR1)的变化电压、地电压和电源电压，并得出 CC2530 单片机 ADC 支持位数、配置方法、ADC 数据存储格式等。

3. 思考

《论语·学而》："子曰：'学而时习之，不亦说乎！'"我们要学会学习并且要不断练习与实践，才能获得获取知识的乐趣。本节任务知识比较难理解，请同学们查阅资料，多看多思多问，只有这样才能理解新知，并融会贯通，获得学习的成就感。

任务 2 测量外部电压值

测量外部电压值

任务描述

基于 ZigBee 模块，编程实现测量 CC2530 芯片外部光敏传感器的电压。将光敏传感器安装到 ZigBee 模块上，光线的强弱转换成电压的高低，经 ADC 以后通过串口将电压值发送给计算机，并通过串口调试软件读取电压值。

要求：

1) 每隔 2 s 采集光照度数据，并将数据转换成电压通过串口发送，每次采集 LED1 灯闪烁。

2) 使用定时器 1 中断方式来控制定时时间，定时器 1 参数配置要求采用 32 分频，自由运行模式。

3) 串口通信要求使用串口 0 的备用位置 1：P0_2(RX)，P0_3(TX)，波特率 115 200 bit/s，奇偶校验无，1 位停止位，8 位数据位，流控无。

4) 光敏传感器插在 ZigBee 实训模块的传感器插槽上，查看相关的电路图和数据手册，设置采集光敏传感器的引脚初始化和 ADC 相关参数，ADC 要求配置为：3.3 V 电压(AVDD5 引脚)、128 位抽取率、AIN0 单通道。

任务目标

素质目标：

1）具备守纪律、讲规矩的优秀品质，做遵规守纪的明白人。

2）具备严谨求实、认真负责、踏实敬业的工作态度。

知识目标：

1）理解 ADC 的工作模式。

2）理解光敏传感器与 CC2530 芯片的电路工作原理。

3）掌握传感数据采集函数的编程设计思想。

能力目标：

能够依据任务要求进行编程，并使用 CC Debugger 仿真器及串口调试工具进行仿真演示。

任务分析

1. 知识分析

定时通过串口发送外部电压值，需要掌握定时器、串口发送等相关知识，要应用单片机外设 ADC 模块测量外部电压，必须明确 ADC 工作模式。

2. 设备分析

实训任务选择 ZigBee 实训模块，如图 5-2-1 所示，要会识读此实训模块电路图，并理解此模块与测量光敏传感器输出电压电路工作原理。

3. 技能分析

定时通过串口输出测量电压值，必须会运用 IAR 软件进行编程，并能够编译、链接、调试程序；会利用 CC Debugger 仿真器，将仿真器的下载线连接到 ZigBee 实训模块与计算机，利用串口调试工具进行仿真演示。

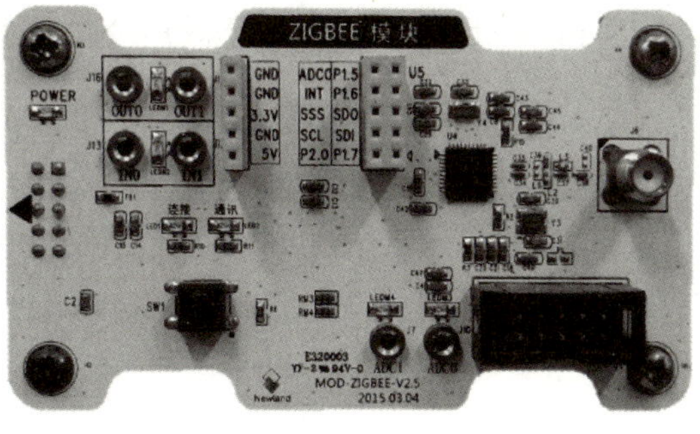

图 5-2-1　ZigBee 实训模块

知识储备

一、电路分析

将光敏传感器安装到 ZigBee 模块上，电路连接如图 5-2-2 所示，光敏电阻的阻值大小会根据环境光线的变化而变化，经串联的电阻 R_{16} 分压后连接到 CC2530 的 19 引脚。第 19 引脚是

CC2530 的片内 ADC 模块的 0 通道输入端，通过测量电压输入的电压来感知环境光照的强弱。

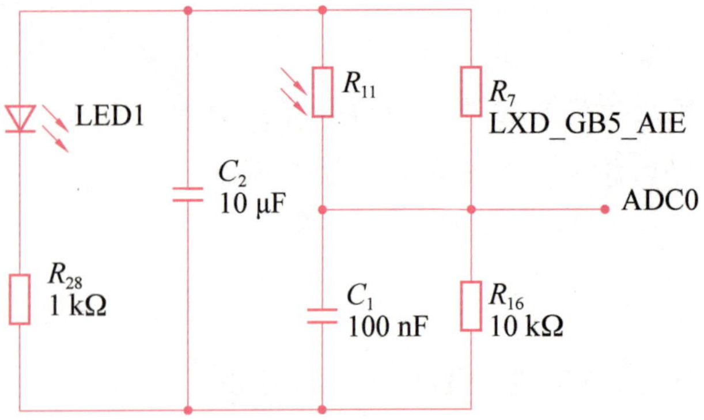

图 5-2-2　测量光敏传感器输出电压电路图

知识总结	自我评价

二、程序设计分析

将光敏传感器模块安装在 ZigBee 实训模块上，光敏电阻的阻值大小会根据环境光线的变化而变化，连接在 CC2530 的 19 脚。第 19 脚是 CC2530 的片内 ADC 模块的 0 通道(P0_0 脚)输入端，通过测量输入的电压来感知环境光照的强弱。程序设计流程如图 5-2-3 所示。

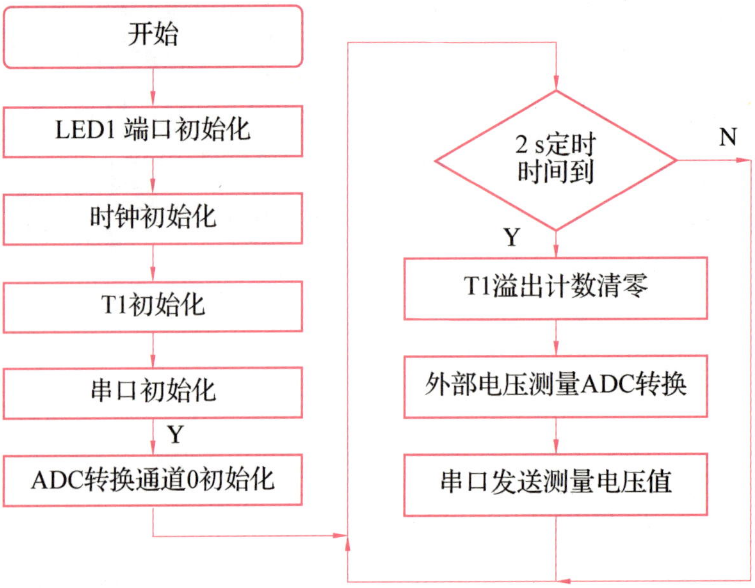

图 5-2-3　程序设计流程

任务指导

1. 搭建开发环境

1)新建工作区，工作区名为：work5_2。

2)新建工程，工程名为：project5_2。

3)新建源程序文件，命名为 test5_2. c。

4)将 test5_2. c 文件添加到 project5_2 工程中。

5)按键 Ctrl+S 保存工作区。

6)配置工程选项，“Project”→“Options”→“General Options”，“Device”→“Texas Instruments”→“CC2530F256”。

7)配置 Linker，勾选“Override default”单选按钮。

8)配置 Debugger，“Debugger”→“Setup”→“Driver”→“Texas Instruments”。

2. 在编辑窗口设计程序

引入 CC2530 必要的头文件“iocc2530. h”，定义相关变量等。

```
//**************************************************
/* 包含头文件 */
#include<iocc2530.h>
#include<string.h>
/*宏定义*/
#define LED1 P1_0
#define uint16 unsigned short
/*定义变量*/
int count=0;//统计定时器溢出次数
char output[8];//存放转换成字符形式的传感器数据
uint16 flamgas_val;//ADC 采集结果
/*声明函数*/
void InitCLK(void);//系统时钟初始化,为32 MHz
void InitUART0();//串口0初始化
void InitT1();//定时器1初始化
void Delay(int delaytime);//延时函数
unsigned short Get_adc();//ADC 采集
void Uart_tx_string(char *data_tx,int len);//往串口发送指定长度的数据
void InitLED(void);//灯的初始化
/*定义函数*/
void InitCLK(void)
{
  CLKCONCMD &= 0x80;
  while(CLKCONSTA & 0x40);
}
```

```
void InitLED()
{
  P1SEL &= ~0x01;//设置 P1_0、P1_1为 GPIO 口
  P1DIR |= 0x01;//设置 P1_0和 P1_1为输出
  LED1 = 0;//设置 LED1和 LED2的初始状态
}
void InitT1( )
{
  T1CTL = 0x09;//32分频,自由运行模式 (1001)
  T1IE=1;//使能定时器1中断
  TIMIF |=0x40;// 不产生定时器1的溢出中断
  EA = 1;
}
void InitUART0( )
{
  U0CSR |=0x80;//串口模式
  PERCFG |= 0x00;//USART0使用备用位置1,P0_2、P0_3
  P0SEL |=0x0C;//设置 P0_2、P0_3为外设
  U0UCR |= 0x80;//流控无,8位数据位,无奇偶校验,1位停止位
  U0GCR = 11; //设置波特率为115 200 bit/s(见书上对应表)
  U0BAUD = 216;
  UTX0IF = 0;
  EA = 1;
}
void InitADC( )
{
  APCFG |= 1;//设置 P0_0为模拟端口
  P0SEL |= 0x01;//设置 P0_0为外设
  P0DIR &= ~0x01;//设置 P0_0为输入方向
  ADCCON3 =0x90;//设置参考电压3.3 V,128抽取率,使用 AIN0通道
}
uint16 Get_adc( )
{
  while(!ADCIF);
  ADCIF=0;
  unsigned long value;
  value = ADCH;
  value = value<<8;
  value |=ADCL;
  value = value*330;//VALUE * 3.3v / 32768
  value = value>>15;
  return (uint16)value;
```

```
}
void Uart_tx_string(char *data_tx,int len)
{
  unsigned int j;
  for(j=0;j<len;j++)
  {
    U0DBUF = *data_tx++;
    while(UTX0IF == 0);
    UTX0IF = 0;
  }
}
#pragma vector = T1_VECTOR
__interrupt void t1()
{
  T1IF = 0;//清除定时器1中断标志
  count++; //累加中断次数
  if(count>=31)// 定时2 s 到
  {
    LED1 = ~LED1; //LED1灯翻转
    count = 0; //计数值清零
    flamgas_val = Get_adc();
    output[0] = flamgas_val/100+'0';
    output[1] ='.';
    output[2] = flamgas_val/10% 10+'0';
    output[3] = flamgas_val% 10+'0';
    output[4] ='V';
    output[5] ='\r';
    output[6] ='\n';
    output[7] ='\0';
    Uart_tx_string("光敏传感器电压值:",sizeof("光敏传感器电压值:"));
    Uart_tx_string(output,8);//发送传感数据到串口
  }
}
void main()
{
  InitCLK();//系统时钟初始化,为32 MHz
  InitLED();//灯的初始化
  InitT1();//定时器初始化
  InitUART0();//串口初始化
  InitADC(); //ADC 初始化
  while(1);
}
```

3. 编译、分析、调试程序

编译、下载程序。编译无错后，将 CC Debugger 与 ZigBee 模块相连，并分别连接到计算机，下载程序，通过串口查看光敏传感器电压值，如图 5-2-4 所示。

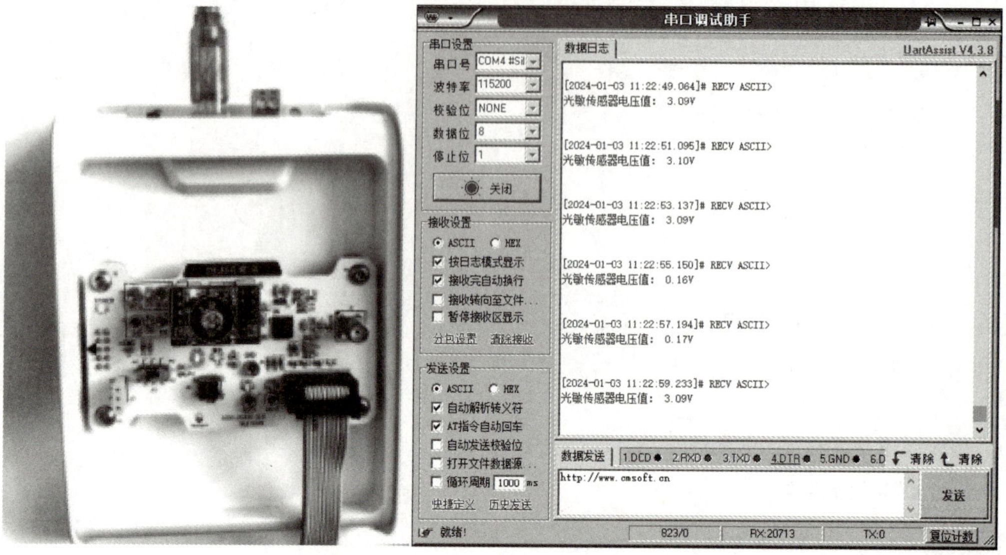

图 5-2-4　编译、分析、调试程序

知识总结	自我评价

实训与评价

将光敏传感器安装到 ZigBee 模块上，光线的强弱转换成电压的高低，经 ADC 后通过串口将电压值发送给计算机，并通过串口调试软件读取电压值。

要求：

1）每隔 3 s 采集光照度数据，并将数据转换成电压，通过串口发送，每次采集 LED2 灯闪烁。

2）使用定时器 1 中断方式来控制定时时间，定时器 1 参数配置要求采用 32 分频，模模式，溢出周期为 50 ms。

3）串口通信要求使用串口 0 的备用位置 1：P0_2（RX），P0_3（TX），波特率 9 600 bit/s，

奇偶校验无，1 位停止位，8 位数据位，流控无。

4) 光敏传感器插在 ZigBee 实训模块的传感器插槽上，查看相关的电路图和数据手册，设置采集光敏传感器的引脚初始化和 ADC 相关参数，ADC 要求配置为：3.3 V 电压(AVDD5 引脚)，256 抽取率，AIN0 单通道。

根据所学知识完成如下程序设计流程及职业素养评价：

程序设计流程及职业素养评价		提示	分数	评价
1	引用头文件，定义相关变量、相关函数		5	
2	定义函数	1. 时钟初始化函数 2. 灯初始化函数 3. T1 初始化函数 4. 串口初始化函数 5. ADC 初始化函数	5	
3	设计串口发送函数		20	
4	设计外部电压测量 ADC 函数	将测量值转换成数字量	30	

续表

程序设计流程及职业素养评价		提示	分数	评价
5	T1 中断服务函数	3 s 时间到，T1 溢出计算清零，通过串口发送测量电压值	20	
6	主函数	调用各个初始化函数	10	
7	编译、链接程序			
8	将 CC Debugger 仿真器的下载线连接到 ZigBee 模块电路，并用串口线连接 ZigBee 模块与计算机，测试程序功能		5	
9	职业素养评价：设备轻拿轻放，摆放整齐；保持环境整洁；小组合作等方面		5	

课后训练与提升

任务描述：基于 ZigBee 模块进行基础开发，将可燃气体传感器安装到 ZigBee 模块上，通过定时器每隔 2 s 进行可燃气体传感器数据的定时采集，并把采集到的可燃气体传感器数据发送到串口，且每次发送时改变一下 LED2 灯的状态，用来指示在持续通信。

要求：

1) 使用定时器 1 中断方式来控制采集传感器数据的时间，定时器 1 参数配置要求采用自由运行模式，32 分频。

2) ADC 要求配置为：3.3 V 电压(AVDD5 引脚)，128 抽取率，AIN0 单通道。

3) 串口通信要求使用串口 0 的备用位置 1：P0_2(RX)，P0_3(TX)，波特率 115 200 bit/s，奇偶校验无，1 位停止位，8 位数据位，流控无。

4) 在定时器 1 的中断处理函数中，定时 2 s 时间到后，改变一下 LED2 灯的状态，用来指示在持续通信，并将计数值清零。

5) 在定时器 1 的中断处理函数中，定时 2 s 时间到后，把采集到的可燃气体传感器数据的电压值发送到串口。

因为单片机系统只能处理数字信号，所以需要 ADC 模块，将模拟信号转换成数字信号才能实现它的功能，而我们要学有所成，需要将知识转换成能力，你将采取什么措施将知识转换成能力，做到知识成就梦想，技能改变人生？

参考文献

[1] 杨瑞，董昌春. CC2530单片机技术与应用[M]. 北京：机械工业出版社，2016.
[2] 陈继欣，邓立. 传感网应用开发(初级)[M]. 北京：机械工业出版社，2020.